ATLAS OF NATIONAL KEY
PROTECTED TERRESTRIAL WILDLIFE
IN FUJIAN PROVINCE

福建省国家重点保护陆生野生动物图鉴

福建省林业局 主编

海峡出版发行集团 THE STRAITS PUBLISHING & DISTRIBUTING GROUP | 福建科学技术出版社 FUJIAN SCIENCE & TECHNOLOGY PUBLISHING HOUSE

图书在版编目（CIP）数据

福建省国家重点保护陆生野生动物图鉴 / 福建省林业局主编 .——福州：福建科学技术出版社，2022. 11
ISBN 978-7-5335-6719-4

Ⅰ. ①福… Ⅱ. ①福… Ⅲ. ①陆栖 - 野生动物 - 福建 - 图集 Ⅳ. ① Q958.525.7-64

中国版本图书馆 CIP 数据核字（2022）第 073932 号

书　　名　**福建省国家重点保护陆生野生动物图鉴**
主　　编　福建省林业局
出版发行　福建科学技术出版社
社　　址　福州市东水路 76 号（邮编 350001）
网　　址　www.fjstp.com
经　　销　福建新华发行（集团）有限责任公司
印　　刷　福州报业鸿升印刷有限责任公司
开　　本　889 毫米 ×1194 毫米　1/16
印　　张　13
字　　数　386 千字
版　　次　2022 年 11 月第 1 版
印　　次　2022 年 11 月第 1 次印刷
书　　号　ISBN 978-7-5335-6719-4
定　　价　260.00 元

《福建省国家重点保护陆生野生动物图鉴》编委会

目录

哺乳纲 MAMMALIA

鸟纲 AVES

爬行纲 REPTILIA

昆虫纲 INSECTA

猕猴

Macaca mulatta

哺乳纲 灵长目 猴科

形态特征：体长47—64cm，尾长19—30cm。毛色大多为棕黄色或灰黄色，面部、两耳和臀部裸露无毛且多为肉红色。头顶无漩，颜面消瘦，吻部突出，有颊囊，手足均有5指（趾）。

生活习性：主要栖息在石山峭壁、溪旁沟谷和江河岸边的密林中或疏林岩山上，能直立，多群居。有互相梳毛的习惯，且以各种声音或手势进行交流。以树叶、野果、嫩枝和小动物等为食。

保护级别：国家二级保护野生动物。

藏酋猴

Macaca thibetana

哺乳纲 灵长目 猴科

形态特征： 雄猴的体长为61—72cm，尾长8—10cm，体重14—17.5kg；雌猴的体长为51—62cm，尾长4—8cm，体重9—14kg。全身披疏而长的毛发，背部色泽较深，腹部颜色较浅，头顶常有旋状项毛。雌猴的毛色浅于雄猴，幼体毛色浅褐。

生活习性： 喜群居，每群有1—3只成年雄猴为首领，喜在地面活动，平时多在崖壁缝隙、陡崖或大树上过夜。杂食性，以植物为主。

保护级别： 国家二级保护野生动物。

穿山甲

Manis pentadactyla

哺乳纲 鳞甲目 鲮鲤科

形态特征：体长42—92cm，尾长28—35cm，体重2—7kg。头呈圆锥状，眼小，吻尖。舌长，无齿。尾扁平而长，背面略隆起，足具5趾。全身有鳞甲，鳞片呈棕色，腹部的鳞片略软，呈灰白色，老年兽的鳞片边缘橙褐或灰褐色，幼兽尚未角化的鳞片呈黄色，鳞片之间杂有硬毛。

生活习性：喜炎热，能爬树，会游泳，善挖洞。以长舌舐食白蚁、蚁、蜜蜂或其他昆虫。

保护级别：国家一级保护野生动物。

狼

Canis lupus

哺乳纲 食肉目 犬科

形态特征：雄性体长100—130cm，雌性体长87—117cm，尾长100—130cm，体重50kg左右。颜面部长，斜眼，鼻端突出，耳尖且直立，犬齿及裂齿发达，毛粗而长，前足4—5趾，后足一般4趾，足长体瘦，尾多毛、挺直状，下垂夹于两后腿之间。毛色多为棕黄或灰黄色，略混黑色，下部带白色。

生活习性：多为群居，有着极为严格的等级制度和领域范围，会以嚎声宣示领域范围，通常在领域范围内活动。主要捕食中大型哺乳动物。

保护级别：国家二级保护野生动物。

豺

Cuon alpinus

哺乳纲 食肉目 犬科

形态特征：体长95—103cm，尾长45—50cm，肩高52—56cm，体重20kg左右。外形与狼、狗相近，头宽，额扁平，吻部较短，耳短而圆，额骨的中部隆起，从侧面看整个面部显得鼓起来。四肢较短，体毛厚密而粗糙，一般头部、颈部、肩部、背部，以及四肢外侧等处的毛色为棕褐色，腹部及四肢内侧毛色为淡白色、黄色或浅棕色。尾较粗，毛蓬松而下垂，呈棕黑色。

生活习性：典型的山地动物，好群居，善围猎，凶猛，行动敏捷，善于跳跃。多由较为强壮的"头领"带领一个或几个家族临时聚集而成，少则2—3只，多时达10—30只，也能见到单独活动的个体。主要以各种动物为食，偶尔也吃一些甘蔗、玉米等植物。

保护级别：国家一级保护野生动物。

háo

貉

Nyctereutes procyonoides

哺乳纲 食肉目 犬科

形态特征： 体长 45—66cm，尾长 16—22cm，后足长 7.5—12cm，体重 3—6kg。体型小，外形似狐，有明显面纹。前额和鼻吻部白色，眼周黑色，颊部覆有蓬松的长毛，形成环状领，背的前部有一交叉形图案，胸部、腿和足暗褐色。背部和尾部的毛尖黑色，背毛浅棕灰色，混有黑色毛尖。体态一般矮粗，尾长小于体长的 33%，且覆有蓬松的毛。

生活习性： 独栖或 3—5 只成群，一般白昼匿于洞中，夜间出来活动。性较温驯，叫声低沉，能爬树和游泳。有犬科中独有的非持续性睡眠习性，即冬天平时在洞中睡眠不出，但与真正冬眠不同，往往在融雪天气时也有出来活动。

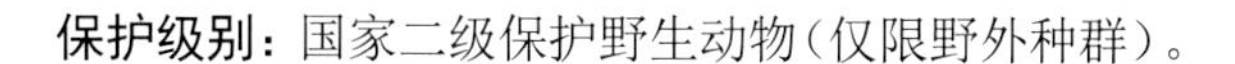

保护级别： 国家二级保护野生动物（仅限野外种群）。

赤狐

Vulpes vulpes

哺乳纲 食肉目 犬科

形态特征：成体长约70cm。吻尖而长，鼻骨细长，额骨前部平缓，中间有一狭沟，耳较大，高而尖，直立。四肢较短，尾较长，略超过体长之半，尾粗大，覆毛长而蓬松，耳背之上半部黑色。毛色因季节和地区不同而变异很大，尾巴的尖端均为白色。具尾腺，能释放奇特臭味。

生活习性：喜欢单独活动，善于游泳和爬树。通常夜间出来活动，白天隐蔽在洞中睡觉。听觉、嗅觉发达，性狡猾，会“装死”，行动敏捷。

保护级别：国家二级保护野生动物。

黑熊

Ursus thibetanus

哺乳纲 食肉目 熊科

形态特征：雄性体长120—189cm、体重60—200kg，雌性体长110—150cm、体重40—140kg，眼小，鼻端裸露，吻较短，身体粗壮，头部宽圆，体毛黑色而富有光泽。鼻部毛呈黑褐色、棕褐色，眉额处常有稀疏白毛，胸部由白色、淡黄色、赭色短毛形成“V”形或“U”形，背部毛基灰黑，毛尖深黑，绒毛也呈灰黑色。

生活习性：典型的林栖动物，嗅觉和听觉很灵敏，视觉差，能直立行走，善攀爬和游泳。一般在夜晚活动，白天在树洞或岩洞中睡觉。杂食性。

保护级别：国家二级保护野生动物。

黄喉貂 (diāo)

Martes flavigula

哺乳纲 食肉目 鼬科

形态特征：体长56—65cm，尾长38—43cm，体重2—3kg。体柔软而细长，呈圆筒状。耳部短而圆，尾毛不蓬松。头较为尖细，略呈三角形，腿较短。身体的毛色比较鲜艳，头及颈背部、身体的后部、四肢及尾巴均为暗棕色至黑色，喉胸部毛色鲜黄，腰部呈黄褐色，其上缘还有一条明显的黑线，腹部呈灰褐色，尾巴为黑色，皮毛柔软而紧密。

生活习性：多活动于森林中，性情凶狠，行动快速敏捷，善爬树和隐蔽，常在白天活动。以肉食为主，常单独或数只集群捕猎较大的草食动物，偶尔采食野果，当食物缺乏时也吃动物尸体。

保护级别：国家二级保护野生动物。

大灵猫

Viverra zibetha

哺乳纲 食肉目 灵猫科

形态特征：体长 60—80cm，最长可达 100cm，体重 6—10kg。大小与家犬相似，头略尖，耳小，额部较宽阔，吻部稍突。体毛为棕灰色，带有黑褐色斑纹，口唇灰白色，额、眼周围有灰白色小麻斑，颈侧和喉部有 3 条显著的波状黑领纹，腹毛浅灰色。四肢较短，黑褐色，尾长超过体长的一半，尾具 5—6 条黑白相间的色环，末端黑色。有香囊，能分泌出油液状的灵猫香。

生活习性：生性孤独，喜夜行，昼伏夜出，行动敏捷，听觉和嗅觉灵敏，狡猾多疑。常在森林边缘、农田附近、沟谷、居民点附近觅食。善攀登和游泳，在活动区内有固定的排便处。遇敌时，可释放极臭的物质，用于防身。杂食性，对植物的消化能力差。

保护级别：国家一级保护野生动物。

小灵猫

Viverricula indica

哺乳纲 食肉目 灵猫科

形态特征：体长48—58cm，尾长33—41cm，体重2—4kg。外形与大灵猫相似，吻部尖而突出，额部狭窄，耳短而圆，眼小而有神。毛色以棕灰、乳黄色多见，从肩到臀通常有3—5条颜色较暗的背纹，四足深棕褐色，尾被毛通常呈白色与暗褐色相间的环状，尾尖多为灰白色。尾部较长，尾长一般超过体长的一半。有高度发达的囊状香腺，雄性的香腺比雌性的略大。

生活习性：喜独居，昼伏夜出，性格机敏而胆小，行动灵活，会游泳，善于攀缘，常用香囊中的分泌物标记自己的领地和引诱异性灵猫。遇敌时，从肛门腺中排出一种黄色而奇臭的分泌物，用于防身。活动范围及食性随季节变化，秋季常在树林，冬季多在田边、林缘灌丛，夏季多在小溪边、水塘边及翻耕的田间活动觅食。杂食性。

保护级别：国家一级保护野生动物。

斑林狸

Prionodon pardicolor

哺乳纲 食肉目 林狸科

形态特征：体长 37—38cm，尾长 31—34cm。毛被针毛少，显柔软，短而致密，全身黄褐色，体背有棕黑色大小不一的圆斑，颈背有两条黑色颈纹，面部无斑纹。圆柱形的长尾具 9—11 暗色环，尾尖淡白色。前足 4 趾，均具爪鞘保护能伸缩的爪。牙齿侧扁、锐利。

生活习性：栖息在常绿阔叶林或灌丛。主食小型鸟类、鼠、蛙和昆虫等。

保护级别：国家二级保护野生动物。

丛林猫

Felis chaus

哺乳纲 食肉目 猫科

形态特征：体长58—76cm，尾长21.8—27cm，体重5—9kg。雄性比雌性大，成体呈浅棕色、淡红灰色或淡棕灰色，除腿上有一些条纹外，周身没有明显的斑纹。除头部，周身黑色毛尖形成均一的混合色，且有独特的脊冠。耳浅红色，耳间距近，耳尖上有小的暗褐色到黑色毛簇。尾尖黑色，近尾端一半处有暗色环纹。冬毛比夏毛更暗。

生活习性：一般独居，巢穴多位于较干燥的地区，例如石块下面或利用獾类的弃洞。多在夜间出没，善游泳，能攀爬。肉食性。

保护级别：国家一级保护野生动物。

金猫

Pardofelis temminckii

哺乳纲 食肉目 猫科

形态特征：体长 116—161cm，尾长 40—56cm，体重 12—15kg，雌性比雄性小。头形短圆，面部短宽，耳短而宽，眼大而圆，有 3 个色型，亮红色到灰棕色、暗灰褐色和全身满布斑点。

生活习性：活动区域随季节变化而垂直迁移，除在繁殖期成对活动外，一般独居。夜行性，以晨昏活动较多，白天栖于树上洞穴内，夜间下地活动，行动敏捷，善于攀爬。肉食性。

保护级别：国家一级保护野生动物。

豹猫

Prionailurus bengalensis

哺乳纲 食肉目 猫科

形态特征：体长36—66cm，尾长20—37cm，体重1.5—5kg。体型和家猫相仿，但更加纤细，腿更长。毛色基调是淡褐色或浅黄色，由头到肩有4条很宽很明显的主条纹。体侧有像铜钱一样的斑点，但不连成垂直的条纹。明显的白色条纹从鼻子一直延伸到两眼间，常常到头顶。耳大而尖，耳后黑色，带有白斑点，尾长有环纹，尾尖黑色。

生活习性：独栖或成对活动，善攀爬，夜行性，晨昏活动较多。善游泳，喜在水塘边、溪沟边、稻田边等近水之处活动和觅食，窝穴多在树洞、土洞、石块下或石缝中。肉食性。

保护级别：国家二级保护野生动物。

云豹

Neofelis nebulosa

哺乳纲 食肉目 猫科

形态特征：体长70—110cm，尾长70—90cm，雄性体重23—40kg，雌性体重16—22kg。头部略圆，口鼻突出，犬齿明显，爪子大，体色金黄并覆盖有大块的深色云状斑纹，斑纹周缘近黑色，而中心暗黄色，状如龟背饰纹，口鼻部、眼睛周围和胸腹部为白色，鼻尖粉色。瞳孔收缩时呈纺锤形。尾端有数个不完整的黑环，端部黑色。

生活习性：栖息于山地及丘陵常绿林中，通常白天在树上睡眠，晨昏和夜晚活动，善攀爬，喜独居，有敏锐的视觉、嗅觉和听觉，常伏于树枝上守候猎物，但在地面上的狩猎时间更长。肉食性。

保护级别：国家一级保护野生动物。

豹

Panthera pardus

哺乳纲 食肉目 猫科

形态特征：体长 100—150cm，体重 50—100kg。体呈黄或橙黄色，全身布满大小不同的黑斑或古钱状黑环。身材矫健，躯体均匀细长，四肢中长有力。虹膜呈黄色，强光照射下瞳孔收缩为圆形，夜晚发出闪耀的磷光。犬齿及裂齿极发达。前足 5 趾，后足 4 趾，爪强锐锋利，可伸缩。尾发达，尾尖黑色。

生活习性：性机敏，喜独居，善奔跑、爬树和跳跃，白天潜伏在巢穴或树丛中睡觉，常夜间活动。肉食性。

保护级别：国家一级保护野生动物。

虎

Panthera tigris

哺乳纲 食肉目 猫科

形态特征： 雄性体长约 250cm、体重约 150kg，雌性体长约 230cm、体重约 120kg，尾长 80 － 100cm。头圆，吻宽，眼大，嘴边长着白色间有黑色的硬须，硬须长达 15cm 左右。全身底色橙黄，腹面及四肢内侧为白色，背面有双行的黑色横纹，尾上约有 10 个黑环，眼上方有一个白色区。

生活习性： 有领域习性，常单独活动，只有在繁殖季节雌雄才在一起生活，无固定巢穴，多在山林间游荡寻食，爱游泳，多黄昏活动。肉食性。

保护级别： 国家一级保护野生动物。

獐 原名“河麂”

Hydropotes inermis

哺乳纲 偶蹄目 鹿科

形态特征：体长约100cm，体重约15kg。体背、体侧和四肢为棕黄色，耳背棕色，耳内侧灰白色，下颏和喉上部白色。雌雄均不具角，雄性上犬齿发达，突出口外。耳基部有两条软骨质的脊突，顶端稍尖，尾短，毛粗而长，呈波状弯曲。

生活习性：独居或成双活动，最多集3—5只小群。性胆小，感觉灵敏，善于隐藏，也善游泳，雄性会用尿液和粪便来标记自己的领地。草食性，主食杂草、嫩叶和树根等。

保护级别：国家二级保护野生动物。

黑麂

Muntiacus crinifrons

哺乳纲 偶蹄目 鹿科

形态特征：体长 100—110cm，尾长 2—4cm，体重 21—26kg。冬毛上体暗褐色，夏毛棕色较多，长毛易脱落，背面黑色，尾腹及尾侧毛色纯白，十分醒目。雄性具角，角柄较长，头顶部和两角之间有一簇长达 5—7cm 的棕色冠毛。半成体毛色略淡，多为暗褐色，胎儿及初生幼仔体具浅黄色圆形斑点。

生活习性：一般雄雌成对活动，活动比较隐蔽，有领域性，善游泳，性胆小，白天常在大树根下或在石洞中休息，晨昏活动。主食树叶和嫩枝，也吃大型真菌等。

保护级别：国家一级保护野生动物。

水鹿

Cervus equinus

哺乳纲 偶蹄目 鹿科

形态特征：体长140—260cm，体重100—300kg。雄鹿长着粗而长的三叉角，最长者可达1m，毛色呈浅棕色或黑褐色，雌鹿略带红色。门齿活动，有獠牙，颈腹部有一块手掌大的倒生逆行毛，毛呈波浪形弯曲。体毛一般为暗栗棕色，臀部无白色斑，颔下、腹部、四肢内侧、尾巴底下为黄白色。

生活习性：性机警，善奔跑，喜群居，白天休息，晨昏活动，喜欢在水边觅食，夏天好在山溪中游泳。草食性，以草、果实、树叶和嫩芽为食。

保护级别：国家二级保护野生动物。

毛冠鹿

Elaphodus cephalophus

哺乳纲 偶蹄目 鹿科

形态特征：体长约92cm，尾长约12cm，体重约30kg。被毛粗糙，一般为暗褐色或青灰色，冬毛几近于黑色，夏毛赤褐色。鼻端裸露，眼较小，无额腺，眶下腺特别显著，耳较圆阔，尾短。雄鹿有角，角长仅1cm左右，且角冠不分叉，尖略向下弯，隐藏在额顶上的一簇长的黑毛丛中。雌鹿无角，上犬齿比雄鹿小。

生活习性：栖息于丘陵地带繁茂的竹林、竹阔混交林及茅草坡等处，白天隐蔽，晨昏活动觅食，一般成对活动，听觉和嗅觉较发达，性情温和，机警灵活。草食性。

保护级别：国家二级保护野生动物。

中华斑羚

Naemorhedus griseus

哺乳纲 偶蹄目 牛科

形态特征：体长88—118cm，尾长11.5—20cm，体重22—32kg。雄性体型明显大于雌性，雌雄都长有角，雄性的角长。被毛深褐色、淡黄色或灰色，表面覆盖少许黑色针毛，四肢色浅，与体色对比鲜明，喉部浅色斑的边缘为橙色，颏深色，腹部浅灰色，尾不长但有丛毛。

生活习性：结小群活动，常在密林间的陡峭崖坡出没。草食性，以草、灌木枝叶、野果等为食。

保护级别：国家二级保护野生动物。

中华鬣羚

liè

Capricornis milneedwardsii

哺乳纲 偶蹄目 牛科

形态特征：体长 140—170cm，体重 85—140kg。身体毛色黑灰或红灰色，全身被毛稀疏而粗硬，通体略呈黑褐色，上下唇及耳内污白色。颈背部有长而蓬松的鬃毛形成向背部延伸的粗毛脊。有显著的眶前腺，尾短被毛，角短向后弯。

生活习性：主栖息于针阔叶混交林、针叶林或多岩石的杂灌林。通常冬天在森林活动，夏天转移到高海拔的峭壁区。单独或成小群生活，多在早晨和黄昏活动，行动敏捷，在乱石间奔跑很迅速。草食性，取食草、嫩枝和树叶，喜食菌类，到盐渍地舔食盐。

保护级别：国家二级保护野生动物。

白眉山鹧鸪

zhè gū

Arborophila gingica

鸟纲 鸡形目 雉科

形态特征：体长约30cm。额和头的前侧白色，向后扩展成一条白色具黑斑的眉纹，延伸至后颈，头顶栗色，颏、喉锈红色，下喉及胸具宽阔的黑、白、栗色半月形项领，背至尾橄榄褐，胸及两胁铁灰色，两胁羽缘具栗斑，腹灰白。

生活习性：栖息于海拔700—900m树木繁茂的山地，以种子、浆果和昆虫等为食。

保护级别：国家二级保护野生动物。

黄腹角雉

zhì

Tragopan caboti

鸟纲 鸡形目 雉科

形态特征： 体长约60cm。雄鸟额和头顶黑色，羽冠前黑后橙红，后颈黑，经耳后向下延伸至肉裾周围，颈的两侧亦深橙红色，脸裸出部橙黄，头上肉角淡蓝，喉下肉裾中央橙黄具紫红色点斑，边缘部钴蓝，左右各有9个灰黄色块斑，上体多栗红，具皮黄色卵圆斑，尾羽黑褐，密杂以黄斑，并具宽阔的黑端，下体皮黄色。雌鸟上体棕褐，具黑色和棕白色矢状斑，头顶黑色较多，尾上黑色横斑状，下体淡皮黄色，胸多黑色粗斑，腹多大形白斑。

生活习性： 常栖息于海拔1000—1600m的山地，营巢在树上。主食植物种子、果实、幼芽及嫩叶等，也吃昆虫。

保护级别： 国家一级保护野生动物。

sháo
勺鸡

Pucrasia macrolopha

鸟纲 鸡形目 雉科

形态特征：体长约61cm。雄鸟头部呈金属暗绿色，具棕褐色和黑色长冠羽，颈部两侧各有一白色斑，颏、喉等均为黑色，上体羽毛披针形，呈灰色和黑色纵纹，下体中央至下腹深栗色。雌鸟体羽棕褐色，冠羽棕色，杂以黑斑，眉纹宽阔，向后延伸至后颈，棕白色而密缀黑点，颏、喉及耳羽下具大块白斑。

生活习性：栖息于针阔混交林，雌雄成对活动，很少结群。主食植物果实、种子、叶等，也食大型真菌。

保护级别：国家二级保护野生动物。

白鹇

xián

Lophura nycthemera

鸟纲 鸡形目 雉科

形态特征：体长约 122cm。雄鸟头上的羽冠及下体全部纯蓝黑色，上体和两翅均白，满布整齐的“V”状黑纹，尾羽白色甚长，外侧尾羽具黑纹。雄性幼鸟头顶乌褐，冠羽短，上体棕褐色，在后颈、背和尾上覆羽有些羽毛转近白色，均密杂虫蠹状黑纹，尾较成鸟短，呈淡褐至白色，杂以粗细不等的黑纹，颏和喉黑褐，胸以下灰白，而具黑斑和“V”形黑纹，下腹纯灰白色，无斑。雌鸟上体棕褐色，外侧尾羽黑褐，具白色波状斑，下体亦棕褐，颏和喉稍淡，下腹两侧具白色羽干纹。

生活习性：栖息于山地林下层。主食昆虫，植物果实、种子、嫩叶，以及苔藓等。

保护级别：国家二级保护野生动物。

白颈长尾雉

Syrmaticus ellioti

鸟纲 鸡形目 雉科

形态特征：体长约81cm。雄鸟额、头顶及枕部淡橄榄褐色，侧颈白色，脸裸出部红色，颏、喉及前颈均黑，上背、翅和胸均栗，翅具白斑，下背和腰黑，具白斑，腹部白，尾灰具宽阔栗斑，尾下覆羽绒黑。雌鸟体羽棕褐，上体满杂以黑色斑纹，背部具白色矢状斑，腹棕白，尾羽大多栗色，具栗褐色斑点和横斑。

生活习性：栖息于山地及山谷间的林地，成对或结小群活动。主食植物种子、果实、嫩叶等。

保护级别：国家一级保护野生动物。

栗树鸭

Dendrocygna javanica

鸟纲 雁形目 鸭科

形态特征：体长约 40cm。头顶深褐，头及颈皮黄色，背褐色而具棕色扇贝形纹，下体红褐色。虹膜棕褐色，眼圈橘黄色，脚及颈较长，嘴、脚均为黑色。

生活习性：栖息于湖泊、水库、沼泽和稻田。以植物种子及嫩茎、叶为食。

保护级别：国家二级保护野生动物。

鸿雁

Anser cygnoid

鸟纲 雁形目 鸭科

形态特征：体长约 90cm。黑且长的喙与前额成一直线，喙基疣状突不显且与额基之间有一条狭窄的白色细纹。头顶至后颈到上背棕褐色，前颈近白色，与后颈界线明显，体羽浅棕褐色而具白色横纹，臀及尾下覆羽白色。虹膜红褐色或金黄色，脚橙黄色或橙红色。

生活习性：集群栖息于湖泊、海岸沼泽、农田和草地。主食植物的叶、芽和藻类等，也吃少量甲壳类和软体动物。

保护级别：国家二级保护野生动物。

白额雁

Anser albifrons

鸟纲 雁形目 鸭科

形态特征：体长 70—85cm。通体灰褐色而具白色和黑色横斑，腹部具多少不一的黑色粗条斑，臀及尾下覆羽白色，喙基至前额有白斑环绕嘴基，白环较圆。虹膜黑褐色，无明显眼圈，喙粉红色，脚橘黄色。

生活习性：集群栖息于湖泊、水库、沼泽、河流和农田。以植物为食。

保护级别：国家二级保护野生动物。

小白额雁

Anser erythropus

鸟纲 雁形目 鸭科

形态特征：体长约 60cm。形态与白额雁非常相似，但体型略小，喙较短，颈也较短。喙基至前额白斑延伸至额部，面积较白额雁更显大而尖。虹膜黑褐色，有金黄色眼圈，喙粉红色，脚橘黄色。

生活习性：集群栖息于湖泊、水库、沼泽、河流和农田。以植物为食。

保护级别：国家二级保护野生动物。

左小白额雁　右白额雁

小天鹅

Cygnus columbianus

鸟纲 雁形目 鸭科

形态特征：体长 110—130cm。全身洁白，形态似大天鹅，但个体较小，喙基部黄色区域较大天鹅小，上喙侧黄色不超过鼻孔且前缘，不显尖长，喙锋为黑色。虹膜褐色，喙黑色带黄色喙基，脚黑色。

生活习性：集群栖息于芦苇、水草等水生植物多的湖泊、水库、沼泽、河口和宽阔的河流，也出现于草滩和农田中。主食水生植物叶、根、茎和种子。

保护级别：国家二级保护野生动物。

大天鹅

Cygnus cygnus

鸟纲 雁形目 鸭科

形态特征：体长120—160cm。全身洁白，仅头稍沾棕黄色。喙黑，喙基有大片黄色延伸至上喙侧、鼻孔之下，形成尖形。游泳时颈较直。虹膜暗褐色，脚黑色。幼鸟全身灰褐色，头和颈部较暗，下体、尾和飞羽较淡，嘴基部粉红色，嘴端黑色。

生活习性：集群栖息于芦苇、水草等水生植物多的湖泊、水库、沼泽、河口和宽阔的河流。主要以水生植物叶、茎、种子和根茎为食。

保护级别：国家二级保护野生动物。

yuān yāng
鸳鸯

Aix galericulata

鸟纲 雁形目 鸭科

形态特征：体长约40cm。雄鸟有醒目的白色眉纹，金色颈、颈部具丝状羽，拢翼后形成可直立的独特棕黄色炫耀性“帆状饰羽”。雌鸟灰褐色，眼圈白色，眼后有一白色眼纹，翼镜同雄鸟但无帆状饰羽，胸至两胁具暗褐色鳞状斑。虹膜褐色，喙（雄）红色，喙（雌）灰色，脚近黄色。

生活习性：集群栖息于山地森林间的湖泊、水库、沼泽和河流中，也常于陆上活动，常栖息于高大的阔叶树上，于树洞中营巢。

保护级别：国家二级保护野生动物。

棉凫

fú

Nettapus coromandelianus

鸟纲 雁形目 鸭科

形态特征：体长约30cm。雄鸟前额至头顶、上背、两翼及尾深绿色，具深绿色颈环和肩带，两翼边缘及其他部位乳白色。雌鸟较雄鸟暗淡，上背、两翼及尾为黄褐色，两翼无白色边缘，其他部位皮黄色，有暗褐色过眼纹。虹膜（雄）红色，虹膜（雌）深褐色，喙灰黑色，脚灰色。

生活习性：在河流、湖泊、鱼塘中的水生植物间游动觅食，繁殖期单独或成对活动，营巢于树洞，迁徙时集群。

保护级别：国家二级保护野生动物。

花脸鸭

Sibirionetta formosa

鸟纲 雁形目 鸭科

形态特征：体长约42cm。雄鸟头顶色深，纹理特征独特，前半部分为月牙形黄色斑块，后半部分墨绿色；多斑点的胸部染棕色，两胁具鳞状纹；肩羽形长，中心黑而上缘白，翼镜铜绿色，臀部黑色。雌鸟喙基具白点，脸侧有白色月牙形斑块。虹膜褐色，喙灰色，脚灰色。

生活习性：集群栖息于湖泊、水塘、河口和稻田，越冬栖息于沿海湿地。

保护级别：国家二级保护野生动物。

青头潜鸭

Aythya baeri

鸟纲 雁形目 鸭科

形态特征：体长约 45cm。雄鸟头部墨绿具光泽，上背、颈至前胸栗棕色，上体黑褐色，翼暗褐色而翼镜白色，两胁栗褐色，尾下覆羽白色，腹部白色且延至两胁，与栗褐色相间形成白色不明显的纵纹。雌鸟全身黑褐色，头部显黑，喙基具一栗褐色斑，翼镜和尾下覆羽白色。与白眼潜鸭的区别在于两胁具白色齿状纹。虹膜（雄）白色，虹膜（雌）暗褐色，喙灰褐色，脚灰色。

生活习性：集群栖息于湖泊、水库、沼泽、平缓河流，喜浮水植物和芦苇地。

保护级别：国家一级保护野生动物。

斑头秋沙鸭

Mergellus albellus

鸟纲 雁形目 鸭科

形态特征： 体长约42cm。雄鸟头颈白色，延长形成羽冠，眼周和眼先黑色，枕部两侧黑色，背黑色，下体白色，两胁具灰褐色波浪状细纹。雌鸟额、头顶一直到后颈栗色，眼先和脸黑色，颊、颈侧、颏和喉白色，背至尾上覆羽黑褐色，肩羽灰褐色，两胁灰褐色。虹膜（雄）红色，虹膜（雌）褐色，喙和脚（雄）铅灰色，喙和脚（雌）绿灰色。

生活习性： 栖息于湖泊、河流、林间沼泽和开阔水面，较少出现于海湾。

保护级别： 国家二级保护野生动物。

中华秋沙鸭

Mergus squamatus

鸟纲 雁形目 鸭科

形态特征：体长约58cm。窄长的喙具钩。雄鸟头、颈黑色而泛绿色光泽，具长冠羽，背黑色，下体和前胸白色。前胸白色有别于红胸秋沙鸭。两胁具黑色鳞状纹，有别于普通秋沙鸭。雌鸟头、颈栗褐色，羽冠较短，眼先和过眼纹深褐色，上体灰褐色，前胸和下体白色，两胁具鳞状纹。虹膜褐色，喙红色，脚橘红色。

生活习性：栖息于湖泊、河流、水库。繁殖于树洞内。潜水捕食鱼类。

保护级别：国家一级保护野生动物。

赤颈䴙䴘

pì tī

Podiceps grisegena

鸟纲 䴙䴘目 䴙䴘科

形态特征：体长约 45cm。体形粗圆，繁殖期成鸟头顶和上体黑褐色，颊部灰白色，颈和前胸栗红色，下体白色，喙基部具有特征性黄色斑块。非繁殖期头顶和上体灰褐色，其余为灰白色。虹膜褐色，喙黑色，基部黄色，脚黑色。

生活习性：栖息于湖泊、河流、水库、养殖池塘和沼泽，喜在水下捕食，善潜水。

保护级别：国家二级保护野生动物。

角䴙䴘

pì tī

Podiceps auritus

鸟纲 䴙䴘目 䴙䴘科

形态特征：体长约 33cm。体态紧实，略具冠羽。繁殖期有清晰的橙黄色过眼纹及冠羽，与黑色头成对比并延伸过颈背，前颈及两胁深栗色，上体多黑色。冬羽比黑颈䴙䴘脸上多白色，喙不上翘，头显略大而平。偏白色的喙尖有别于其他䴙䴘，但似体型较小的小䴙䴘。虹膜红色，眼圈白，喙黑色，端偏白，脚黑或灰色。

生活习性：栖息于湖泊、水库、养殖池塘和河流等开阔水面。主食鱼、蛙和昆虫等，偶食水生植物。

保护级别：国家二级保护野生动物。

黑颈䴙䴘

pì tī

Podiceps nigricollis

鸟纲 䴙䴘目 䴙䴘科

形态特征：体长约30cm。繁殖期成鸟具松软的黄色耳簇，延伸至耳羽后，前颈黑色，喙较角䴙䴘上扬。冬羽与角䴙䴘的区别在于喙全深色，且深色的顶冠延至眼下。颏部白色延伸至眼后呈月牙形，飞行时无白色翼覆羽。幼鸟似冬季成鸟，但褐色较重，胸部具深色带。虹膜红色，眼圈白色，喙黑色，脚灰黑色。

生活习性：栖息于湖泊、河流、水库、养殖池塘及沿海，主要通过潜水觅食。主食水生无脊椎动物和少量水生植物。

保护级别：国家二级保护野生动物。

斑尾鹃鸠

jiū

Macropygia unchall

鸟纲 鸽形目 鸠鸽科

形态特征：体长约38cm。雄鸟额、眼先、颊及颏、喉等皮黄色，头顶、后颈及颈侧等显著金属绿紫色，上体余部均黑褐色，具栗色细横斑，尾长，外侧尾羽暗灰而具黑色次端斑，上胸红铜色，带有绿彩；下胸浅淡，腹部淡棕白。雌鸟上体金属羽色较淡，头顶与胸均具黑褐色细横斑。

生活习性：栖息于丘陵地带林地，常成对，偶尔单个活动。主食植物果实和种子等。

保护级别：国家二级保护野生动物。

红翅绿鸠（jiū）

Treron sieboldii

鸟纲 鸽形目 鸠鸽科

形态特征：体长约 33cm。雄鸟额亮绿黄色，头顶棕橙色，枕、头侧及颈灰黄绿色，上体余部及内侧飞羽表面橄榄绿色，翅上小、中覆羽及部分大覆羽紫红栗色，其余覆羽及飞羽黑色，有黄色条纹翅斑，颏、喉亮黄色，胸浓黄而沾棕橙色，向后转淡棕橙色至淡棕黄色。雌鸟额及颏、喉淡黄绿色，头顶及胸部缺乏棕橙色，背及翅上暗绿色，胸至上腹暗绿色，下腹至尾下覆羽淡黄白色。

生活习性：栖息于山区的森林或多树地带，常集小群。主食植物果实和种子等。

保护级别：国家二级保护野生动物。

爪哇金丝燕

wā

Aerodramus fuciphagus

鸟纲 夜鹰目 雨燕科

形态特征：体长约 12cm。上体黑褐色，翅、尾及头顶稍暗，背部羽毛隐灰白色，腰浅灰褐色，形成淡色腰斑，下体灰褐色，嘴黑色，细弱且向下弯曲，跗蹠裸露紫红色。

生活习性：沿着海岸、岛屿终日飞翔，几乎很少休息。主食昆虫。

保护级别：国家二级保护野生动物。

褐翅鸦鹃

Centropus sinensis

鸟纲 鹃形目 杜鹃科

形态特征：体长约 52cm。成鸟体羽全黑，仅上背、翼及翼覆羽为纯栗红色，头至胸有紫蓝色反光及亮黑色的羽轴纹，胸至腹或有绿色反光，尾羽具铜绿色反光。幼鸟上体布以暗褐色和红褐色横斑，羽轴灰白色，腰部杂以黑褐色、污白色至棕色横斑，尾部具一系列苍灰或灰棕色横斑，下体暗褐色，具狭形苍白色横斑。

生活习性：栖息于低山、平原村边近水源的灌木丛、草丛。主食昆虫、蜥蜴、蛇、鼠、鸟卵和小型鸟类等，也吃甲壳类等无脊椎动物。

保护级别：国家二级保护野生动物。

小鸦鹃

Centropus bengalensis

鸟纲 鹃形目 杜鹃科

形态特征：体长约 42cm。成鸟头、颈、上背及下体黑色，具深蓝色反光，下背及尾上覆羽淡黑色，翅、肩及其内侧栗色，翅端及内侧次级飞羽具淡栗色的羽干。幼鸟头、颈及上背暗褐色，各羽具白色的羽干和棕色的羽缘，尾淡黑色而具棕色羽端，中央尾羽有棕白色横斑，下体淡棕白色，胸、胁较暗色。

生活习性：栖息于低山、平原地带远离居民点近水源的灌木丛、草丛。主食昆虫和其他小型脊椎动物。

保护级别：国家二级保护野生动物。

大鸨

bǎo

Otis tarda

鸟纲 鸨形目 鸨科

形态特征：体长约100cm。头灰、颈棕，上体具宽大的棕色及黑色横斑，下体及尾下白色。繁殖期雄鸟颈前有白色丝状羽，颈侧丝状羽棕色。飞行时翼偏白，初级飞羽具深色羽尖。虹膜黄色，喙偏黄色，脚黄褐色。

生活习性：栖息于草原、半荒漠地带及农田草地，通常成群活动。取食野草、甲虫、蝗虫、昆虫等。

保护级别：国家一级保护野生动物。

花田鸡

Coturnicops exquisitus

鸟纲 鹤形目 秧鸡科

形态特征： 体长约13cm。上体呈褐色，具有黑色纵纹及白色的细小横斑。颏部、喉部及腹部为白色。胸部呈黄褐色，两肋及尾下缀有深褐色及白色的宽横斑，尾部短而上翘。白色次级飞羽与黑色初级飞羽明显。虹膜褐色，喙暗黄色，脚黄色。

生活习性： 栖息于小河、湖泊及沼泽附近草丛中。晨昏活动，隐蔽性强。主要以水生昆虫、甲壳类和水藻等为食。

保护级别： 国家二级保护野生动物。

斑胁田鸡

xié

Zapornia paykullii

鸟纲 鹤形目 秧鸡科

形态特征：体长约 22cm。喙短而脚长，腿红色，头顶及上体深褐色，颏白色，头侧及胸栗红色，两胁及尾下覆羽近黑色并具白色细横纹，翼上具黑白色横斑，飞羽无白色，枕及颈部深色。幼鸟褐色。虹膜红色，喙偏黄色，脚红色。

生活习性：栖息于沼泽湿地、草甸及稻田。杂食性，以昆虫、软体动物、小草等为食。

保护级别：国家二级保护野生动物。

紫水鸡

Porphyrio porphyrio

鸟纲 鹤形目 秧鸡科

形态特征： 体长约42cm。喙大而红，通体呈蓝黑色并具紫色及绿色闪光。尾下覆羽为白色，具红色的额甲。虹膜红色，脚红色，关节处色深。

生活习性： 栖息于多芦苇的沼泽地及湖泊，有时在开阔草地、稻田活动。以昆虫、软体动物、水草等为食。

保护级别： 国家二级保护野生动物。

白鹤

Grus leucogeranus

鸟纲 鹤形目 鹤科

形态特征：体长约135cm。体大、白色，喙橘黄，脸上裸皮猩红，腿粉红。飞行时黑色的初级飞羽明显。幼鸟金棕色。虹膜黄色，喙橘黄色，脚粉红色。

生活习性：栖息于开阔的平原沼泽草地、湖泊及浅水沼泽地带。主食植物根茎、叶、嫩芽和少量软体动物。

保护级别：国家一级保护野生动物。

白枕鹤

Grus vipio

鸟纲 鹤形目 鹤科

形态特征：体长约150cm。灰白色，脸侧裸皮红色，边缘及斑纹黑色，喉及颈背白色。枕、胸及颈前的灰色延至颈侧成狭窄尖线条。初级飞羽黑色，体羽余部为不同程度的灰色。虹膜黄色，喙黄色，脚绯红色。

生活习性：栖息于湖泊、河流、沼泽和农田。主食植物种子和根茎。

保护级别：国家一级保护野生动物。

灰鹤

Grus grus

鸟纲 鹤形目 鹤科

形态特征：体长约125cm。前顶冠黑色，中心红色，头及颈深青灰色。自眼后有一道宽的白色条纹伸至颈背。体羽余部灰色，背部及长而密的三级飞羽略沾褐色。虹膜褐色，喙暗绿色而喙端偏黄，脚黑色。

生活习性：集群活动于湖泊、沼泽和水塘。主食植物叶、茎、种子、软体动物、昆虫和鱼等。

保护级别：国家二级保护野生动物。

白头鹤

Grus monacha

鸟纲 鹤形目 鹤科

形态特征：体长约 95cm。头顶前半部裸出皮肤呈红色，着生黑色毛状短羽，眼先亦有毛状羽。头后至上颈为纯白色，在后颈的纯白色向下延伸。上体自后颈下部至背及翅的覆羽呈灰黑色，边缘沾有暗棕褐色，形成鳞状斑。飞羽及尾羽灰黑色，三级飞羽延长，覆盖在尾羽上。

生活习性：栖息在河流、湖泊的沼泽地带和沿海滩涂。杂食性，以食植物为主。

保护级别：国家一级保护野生动物。

水雉 (zhì)

Hydrophasianus chirurgus

鸟纲 鸻形目 水雉科

形态特征：体长约 33cm。尾特长，全身深褐色及白色。飞行时白色翼明显。非繁殖羽头顶、背及胸上横斑灰褐色；颏、前颈、眉、喉及腹部白色；两翼近白。黑色的贯眼纹下延至颈侧，下枕部金黄色。初级飞羽羽尖特长，形状奇特。繁殖羽尾羽长。虹膜黄色，喙黄色 / 灰蓝（繁殖期），腿棕灰 / 偏蓝（繁殖期）。

生活习性：栖息在富有挺水植物的池塘、湖泊和沼泽地。以昆虫、虾、软体动物和水生植物为食。

保护级别：国家二级保护野生动物。

半蹼鹬

pǔ yù

Limnodromus semipalmatus

鸟纲 鸻形目 鹬科

形态特征：体长约35cm。喙长且直，背灰色，腰、下背及尾白色具黑色细横纹，下体色浅，胸皮黄褐色。与塍鹬区别在于体型较小，喙形直而全黑，嘴端显膨胀。飞行时背色较深。虹膜褐色，喙黑色，腿近黑色。

生活习性：主要栖息于湖泊、河流及沿海滩涂。性胆小机警，主食昆虫和软体动物。

保护级别：国家二级保护野生动物。

小杓鹬

shάo yù

Numenius minutus

鸟纲 鸻形目 鹬科

形态特征：体长约30cm。体背黄褐色，具黑色顶冠纹，贯眼纹黑褐色，皮黄色的眉纹粗重。喙中等长度而略向下弯，与中杓鹬的区别在于体型较小，嘴较短较直。腰无白色。落地时两翼上举。虹膜褐色，喙褐色而基部粉红色，脚蓝灰色。

生活习性：栖息于沼泽、水田及近水岸边。主食昆虫、蟹和种子。

保护级别：国家二级保护野生动物。

白腰杓鹬 (sháo yù)

Numenius arquata

鸟纲 鸻形目 鹬科

形态特征：体长约55cm。喙甚长而下弯；腰白，尾部白色及具褐色横纹。与大杓鹬区别在腰及尾较白，与中杓鹬区别在体型较大，头部无图纹，喙长与头的比例更大。虹膜褐色，喙褐色，脚青灰色。

生活习性：栖息于湖泊、河流、草地、河口和沿海滩涂。主食软体动物和昆虫等，也食鱼类。

保护级别：国家二级保护野生动物。

大杓鹬

sháo yù

Numenius madagascariensis

鸟纲 鸻形目 鹬科

形态特征： 体长约63cm。喙甚长而下弯；比白腰杓鹬色深而褐色重，下背及尾褐色，下体皮黄色。飞行时展现的翼下横纹不同于白腰杓鹬的白色。虹膜褐色，喙黑色，脚灰色。

生活习性： 栖息于河口、沿海滩涂、河流、水塘等开阔湿地。主食虾、蟹、软体动物和昆虫等。

保护级别： 国家二级保护野生动物。

小青脚鹬

Tringa guttifer

鸟纲 鸻形目 鹬科

形态特征：体长约31cm。腿偏黄，喙较粗、较钝且基部黄色，颈较短、较厚；上体色较浅，鳞状纹较多，细纹较少（冬季），尾部横纹色较浅；似青脚鹬，但头较大，三趾间连蹼，青脚鹬仅有两趾连蹼，腿相对较短，黄色较深；飞行时脚伸出尾后较短。虹膜褐色，喙黑色，基部黄色，腿及脚黄或绿色。

生活习性：栖息于沿海湿地、内陆沼泽地带及河流。主食水生小型无脊椎动物和鱼类。

保护级别：国家一级保护野生动物。

翻石鹬(yù)

Arenaria interpres

鸟纲 鸻形目 鹬科

形态特征：体长约 23cm。喙、腿及脚均短，腿及脚为鲜亮的橘黄色。头及胸部具黑色、棕色及白色的复杂图案。飞行时翼上具醒目的黑白色图案。虹膜褐色，喙黑色，脚橘黄色。

生活习性：栖息于沿海淤泥滩涂、沙滩及岩石海岸，也栖息在内陆或近海开阔处。主食沙蚕和蟹等。

保护级别：国家二级保护野生动物。

大滨鹬(yù)

Calidris tenuirostris

鸟纲 鸻形目 鹬科

形态特征：体长约27cm。似红腹滨鹬但略大，喙较长且厚，喙端微下弯；上体色深具模糊的纵纹；头顶具纵纹；非繁殖期胸及两侧具黑色点斑（远处看似深色的胸带）；腰及两翼具白色横斑。春夏季的鸟胸部具黑色大点斑，翼具赤褐色横斑。虹膜褐色，喙黑色，脚灰绿色。

生活习性：栖息于河口沙洲和潮间滩涂。主食虾、蟹、软体动物和昆虫等。

保护级别：国家二级保护野生动物。

勺嘴鹬

sháo yù

Calidris pygmeus

鸟纲 鸻形目 鹬科

形态特征：体长约 15cm。腿短，上体具纵纹，白色眉纹显著。喙短而前端呈勺状。冬季极似红腹滨鹬，但体羽灰色较浓，额及胸较白。夏季上体及上胸均为棕色。虹膜褐色，喙黑色，脚黑色。

生活习性：栖息于沿海沙滩，取食时嘴几乎垂直向下，以一种极具特色的左右两边“吸尘”的方式觅食。

保护级别：国家一级保护野生动物。

阔嘴鹬(yù)

Calidris falcinellus

鸟纲 鸻形目 鹬科

形态特征：体长约 17cm。翼角常具明显的黑色块斑并具双眉纹。上体具灰褐色纵纹；下体白，胸具细纹；腰及尾的中心部位黑而两侧白。嘴具微小纽结，看似破裂。冬季与黑腹滨鹬区别在于眉纹叉开，腿短。虹膜褐色，喙黑色，脚绿褐色。

生活习性：栖息于沿海泥滩、沙滩及沼泽地带。主食小型无脊椎动物，偶食植物。

保护级别：国家二级保护野生动物。

黑嘴鸥

Saundersilarus saundersi

鸟纲 鸻形目 鸥科

形态特征：体长约33cm。夏羽及冬羽均似红嘴鸥，但体型较小，具粗短的黑色喙。夏羽头部的黑色延至颈后，色彩比红嘴鸥深；具清楚的白色眼环。初级飞羽合拢时呈斑马样图纹，飞行时白色后缘清晰可见，翼下初级飞羽外侧黑色。虹膜褐色，喙黑色，脚深红色。

生活习性：越冬栖息于沿海滩涂沼泽及河口。主食昆虫、虾、蟹、蠕虫等水生无脊椎动物。

保护级别：国家一级保护野生动物。

遗鸥

Ichthyaetus relictus

鸟纲 鸻形目 鸥科

形态特征：体长约 45cm。头黑色，喙及脚红色。与棕头鸥及体型较小的红嘴鸥区别在于头少褐色而具近黑色头罩，翼合拢时翼尖具数个白点，飞行时前几枚初级飞羽黑色，白色翼镜适中。白色眼睑较宽。越冬鸟耳部具深色斑块，头顶及颈背具暗色纵纹。第一次越冬鸟的喙、翼尖及尾端横带均黑，颈及两翼具褐色杂斑，飞行时翼后缘比红嘴鸥或棕头鸥色浅。虹膜褐色，喙红色，脚红色。

生活习性：栖息于湖泊和滨海湿地。主食水生昆虫和无脊椎动物。

保护级别：国家一级保护野生动物。

大凤头燕鸥

Thalasseus bergii

鸟纲 鸻形目 鸥科

形态特征：体长约 45cm。具羽冠，夏季头顶及冠羽黑色，夏冬过渡期头顶具白色杂斑，冬季头顶白色、冠羽具灰色杂斑。上体灰，下体白。幼鸟较成鸟灰色深沉，上体具褐色及白色杂斑；尾灰色。虹膜褐色，喙黄绿色，脚黑色。

生活习性：栖息于沿海湿地、河口及岛屿。主食鱼类，也食虾、蟹、软体动物和其他无脊椎动物。

保护级别：国家二级保护野生动物。

中华凤头燕鸥 原名“黑嘴端凤头燕鸥”

Thalasseus bernsteini

鸟纲 鸻形目 鸥科

形态特征：体长约38cm。嘴黄色，尖端黑色。冬羽额白，顶冠黑色而具白色顶纹，枕部成“U”形黑色斑块。亚成鸟似小凤头燕鸥的亚成鸟，但褐色较重，翼内侧色浅并具两道深色横纹，背及尾近白而具褐色杂斑。虹膜褐色，喙黄色而端黑色，脚黑色。

生活习性：栖息于开阔海域、海滩、近海岩礁及小型岛屿。

保护级别：国家一级保护野生动物。

黑脚信天翁

Phoebastria nigripes

鸟纲 鹱形目 信天翁科

形态特征：体长约 81cm。体羽多深褐色，仅喙基、尾基部及尾下覆羽具狭窄白色。有些老年成鸟头及胸部褪成近白色。与短尾信天翁的幼鸟区别在于喙及脚深色。虹膜褐黑色，喙灰黑色，脚黑色。

生活习性：能长时间在海洋中飞翔，休息亦在海面上。

保护级别：国家一级保护野生动物。

短尾信天翁

Phoebastria albatrus

鸟纲 鹱形目 信天翁科

形态特征：体长约89cm。背白色，飞行时脚远伸出黑色尾后。体羽从幼鸟的深褐色渐变至亚成鸟的浅色腹部，且具翼上具白斑及背部具鳞状斑纹。成鸟体白色，颈背略带黄色。幼鸟及亚成鸟的色型阶段有可能与体型较小的黑脚信天翁相混淆，其区别在于前者喙浅粉色，脚偏蓝，嘴基无白色。虹膜褐色，喙粉红色，脚蓝灰色。

生活习性：善滑翔飞行，栖息于海面，随波逐流。

保护级别：国家一级保护野生动物。

彩鹳

Mycteria leucocephala

鸟纲 鹳形目 鹳科

形态特征：体长约100cm。胸具黑色带，两翼黑白色，尾黑，喙下弯，头部裸露皮肤偏红。繁殖期背羽沾粉红。飞行时两翼黑色，翼上大覆羽及翼下覆羽具白色宽带，其余翼上覆羽则具狭窄白色带。亚成鸟褐色，两翼黑，腰及臀白色。虹膜褐色，喙橘黄色，脚粉红色。

生活习性：结群繁殖于水中树丛。于池塘、湖泊及河流的水边取食。

保护级别：国家一级保护野生动物。

黑鹳

Ciconia nigra

鸟纲 鹳形目 鹳科

形态特征：体长约100cm。下胸、腹部及尾下白色，其它部位黑色具绿色和紫色的光泽。飞行时翼下黑色，仅三级飞羽及次级飞羽内侧白色。眼周裸露皮肤红色。亚成鸟上体褐色，下体白色。虹膜褐色，喙红色，脚红色。

生活习性：栖息于沼泽、池塘、湖泊、河流沿岸及河口。主食鱼类。

保护级别：国家一级保护野生动物。

东方白鹳

Ciconia boyciana

鸟纲 鹳形目 鹳科

形态特征：体长约 105cm。纯白色，两翼和厚直的喙黑色，眼周裸露皮肤粉红。飞行时黑色初级飞羽及次级飞羽与纯白色体羽成强烈对比。亚成鸟污黄白色。虹膜稍白色，喙黑色，脚红色。

生活习性：于树上、柱子上营巢。结群活动，取食于湿地。主食鱼、蛙和昆虫等。

保护级别：国家一级保护野生动物。

白腹军舰鸟

Fregata andrewsi

鸟纲 鲣鸟目 军舰鸟科

形态特征：体长约95cm。雄鸟体羽为绿黑色，喉囊红，以白色腹部为特征。雌鸟胸腹部的白色延伸至翼下及领环，眼周裸露皮肤粉红。幼鸟多褐色，头浅锈褐色，胸部具偏黑色的宽带。虹膜深褐色，喙黑色（雄）、偏粉色（雌或幼鸟），脚紫灰，脚底肉色。

生活习性：常在海面上飞行，抢劫其他水鸟食物，食物包括鱼、虾和幼鸟等。

保护级别：国家一级保护野生动物。

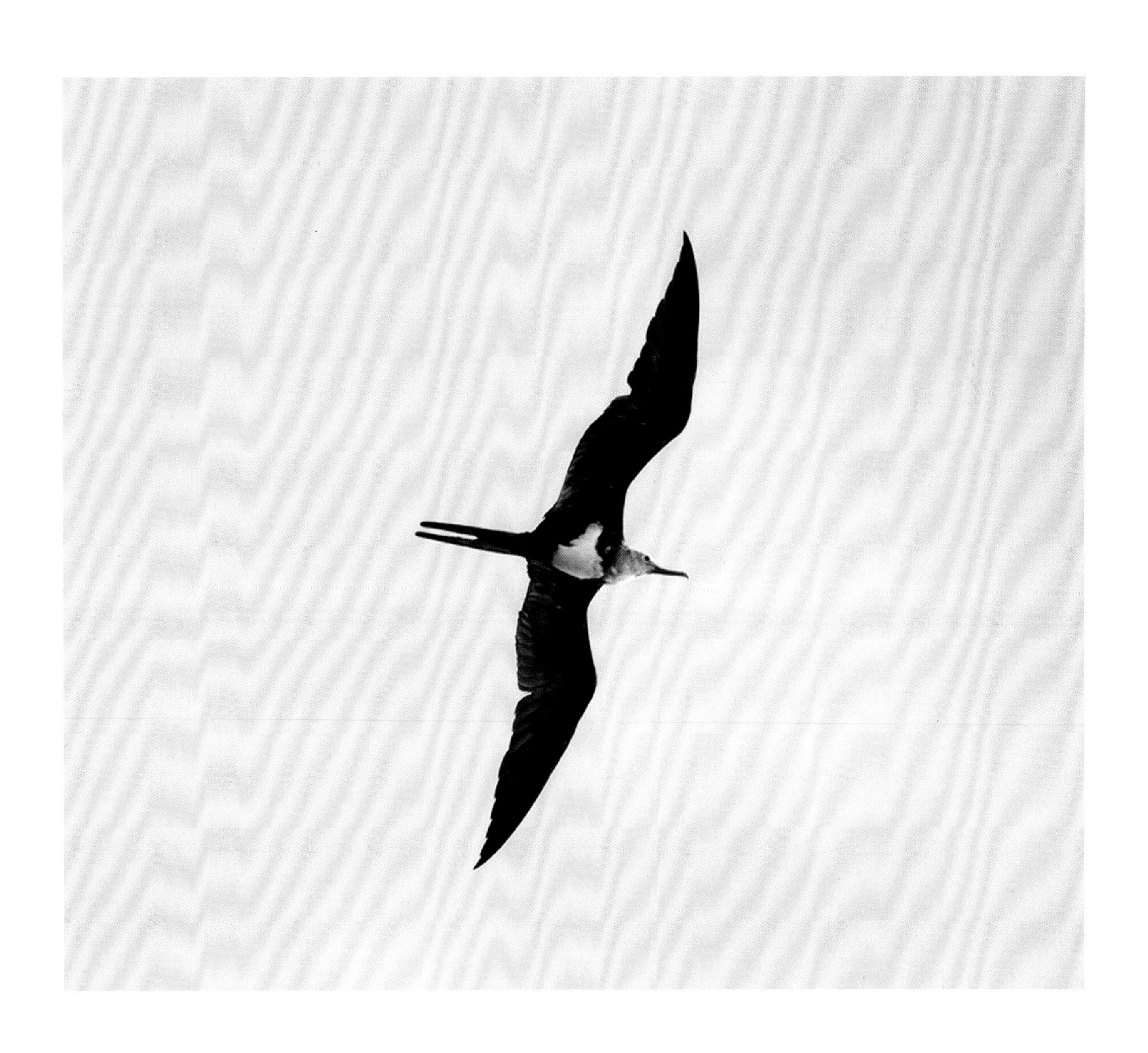

黑腹军舰鸟

Fregata minor

鸟纲 鲣鸟目 军舰鸟科

形态特征：体长约95cm。雄鸟体羽几乎全黑，仅翼上覆羽具浅色横纹，喉囊绯红。雌鸟颏及喉灰白，上胸白色，翼下基部无或极少白色，眼周裸露皮肤粉红。亚成鸟上体深褐，头、颈及下体灰白沾铁锈色，与白斑军舰鸟的区别在于型较大，下腹部白色，翼下基部较少白色。虹膜褐色，喙青蓝色（雄）、近粉色（雌），脚偏红色（成）、蓝色（幼）。

生活习性：常在海面上飞行，抢劫其他水鸟食物，食物包括鱼、虾和幼鸟等。

保护级别：国家二级保护野生动物。

白斑军舰鸟

Fregata ariel

鸟纲 鲣鸟目 军舰鸟科

形态特征：体长约76cm。雄鸟全身近黑色，仅两胁及翼下基部具白色斑块，喉囊红色。雌鸟黑色，头近褐，胸及腹部具凹形块白色，翼下基部有些白色，眼周裸露皮肤粉红或蓝灰，颏黑。虹膜褐色，喙灰色，脚红黑色。

生活习性：常在海面上飞行，抢劫其他水鸟食物，食物包括鱼、虾和幼鸟等。

保护级别：国家二级保护野生动物。

蓝脸鲣（jiān）鸟

Sula dactylatra

鸟纲 鲣鸟目 鲣鸟科

形态特征： 体长约86cm。成鸟特征为前额及翼上覆羽白色，背白，头白而具黑色斑纹。幼鸟似褐鲣鸟但具白色领环，上体褐色较浅，翼下具横斑。虹膜黄色，喙黄色，脚黄至灰色。

生活习性： 营海洋性生活，喜结群，海岛上繁殖。食物几乎全是鱼类。

保护级别： 国家二级保护野生动物。

红脚鲣鸟

jiān

Sula sula

鸟纲 鲣鸟目 鲣鸟科

形态特征：体长约48cm。有深色型和浅色型，脚红尾白。浅色型体羽多白色，初级飞羽及次级飞羽黑色。深色型头、背及胸烟褐色，尾白。所有色型均具红脚及粉红色的嘴基。亚成鸟全身烟褐色。虹膜褐色，喙偏灰色，基部裸露皮肤蓝色。

生活习性：营海洋性生活，喜结群，海岛上繁殖。食物几乎全是鱼类。

保护级别：国家二级保护野生动物。

褐鲣鸟

jiān

Sula leucogaster

鸟纲 鲣鸟目 鲣鸟科

形态特征：体长约48cm。头及尾深色。成鸟深烟褐色，腹部白色。亚成鸟浅烟褐色替代成鸟的白色。脸上裸露皮肤雌鸟橙红，雄鸟偏蓝。虹膜灰色，喙黄色（成鸟），灰色（幼鸟），脚黄绿色。

生活习性：营海洋性生活，喜结群，海岛上繁殖。食物几乎全是鱼类。

保护级别：国家二级保护野生动物。

海鸬鹚

Phalacrocorax pelagicus

鸟纲 鲣鸟目 鸬鹚科

形态特征：体长约70cm。体羽黑色具光泽。脸红色，繁殖期冠羽较稀疏而松软，脸部红色不及额部，但脸颊红色较多。喙较其他鸬鹚细。幼鸟及非繁殖期的鸟脸粉灰。虹膜蓝色，喙黄色，脚灰色。

生活习性：栖息于沿海或岛屿较陡的岩石上。主食鱼、虾，也食少量海藻和海带等。

保护级别：国家二级保护野生动物。

黑头白鹮 原名“白鹮”

huán

Threskiornis melanocephalus

鸟纲 鹈形目 鹮科

形态特征：体长约 76cm。体羽白色，头黑色，嘴长而下弯。尾为灰色的蓬松丝状三级覆羽所覆盖。夏季翅下有裸露的深红色皮肤斑，冬季皮肤斑为橙红色。虹膜红褐色，喙黑色，脚黑色。

生活习性：栖息于多植被的湖泊、水塘及沼泽。

保护级别：国家一级保护野生动物。

朱鹮

huán

Nipponia nippon

鸟纲 鹈形目 鹮科

形态特征：体长约 55cm。脸朱红色，喙长而下弯，端红色，颈后饰羽长，为白或灰色（繁殖期），腿绯红。亚成鸟灰色，部分成鸟仍为灰色。夏季灰色较浓，饰羽较长。飞行时飞羽下面红色。虹膜黄色，喙黑色而端红色，脚绯红色。

生活习性：栖息于疏林地带，在树上结群营巢。在附近农田及自然沼泽区地取食，主食鱼、虾、蛙、螺和昆虫等。

保护级别：国家一级保护野生动物。

彩鹮

huán

Plegadis falcinellus

鸟纲 鹈形目 鹮科

形态特征：体长约 60cm。体羽多深栗色带闪光，看似大型的深色杓鹬，上体具绿色及紫色光泽。虹膜褐色，喙近黑色，脚绿褐色。

生活习性：结小群栖息于沼泽、稻田及漫水草地，与白鹭及苍鹭混群营巢。主食水生昆虫、小型无脊椎动物。

保护级别：国家一级保护野生动物。

白琵鹭

Platalea leucorodia

鸟纲 鹈形目 鹮科

形态特征：体长约 84cm。头部裸出部位呈黄色，自眼先至眼有黑色线。比黑脸琵鹭体型略大，脸部黑色少，白色羽毛延伸过喙基，喙色较浅。虹膜红或黄色。喙长，呈琵琶形，灰色，端黄色。脚近黑色。

生活习性：喜泥泞水塘、湖泊或泥滩，在水中缓慢前进，嘴往两旁摆动以寻找食物。主食小型水生动物，也食水生植物。

保护级别：国家二级保护野生动物。

黑脸琵鹭

Platalea minor

鸟纲 鹈形目 鹮科

形态特征：体长约 76cm。喙长且上下扁平，先端扩大成匙状，灰黑色而形似琵琶。额、喉、脸、眼周和眼先全为黑色，且与嘴黑色融为一体。其余全身为白色，繁殖期间头后枕部有长而呈发丝状的黄色冠羽，前颈下部有黄色颈圈。虹膜褐色，喙深灰色，腿及脚黑色。

生活习性：栖息于水塘、湖泊、河口和沿海滩涂。在水中缓慢前进，嘴往两旁摆动以寻找食物，主食鱼、虾、蟹、昆虫及软体动物。

保护级别：国家一级保护野生动物。

海南鳽 原名“海南虎斑鳽”

yán

Gorsachius magnificus

鸟纲 鹈形目 鹭科

形态特征：体长约58cm。上体、顶冠、头侧斑纹、冠羽及颈侧线条深褐色。胸具矛尖状皮黄色长羽，羽缘深色；上颈侧橙褐色。翼覆羽具白色点斑，翼灰。雄鸟具粗大的白色过眼纹，颈白，胸侧黑色，翼上具棕色肩斑。虹膜黄色，喙偏黄色而端黑色，脚黄绿色。

生活习性：栖息于山地丘林地带、小溪旁、沼泽地的密林中。主食小鱼、蛙和昆虫等。

保护级别：国家一级保护野生动物。

栗头鳽

yán

Gorsachius goisagi

鸟纲 鹈形目 鹭科

形态特征：体长约 49cm。似黑冠鳽，但区别在于喙及头顶冠形小，颈背灰褐色至栗色而非黑色，翼尖非白色。翼上具特征性黑白色肩斑；上体深褐而具较浅的蠹斑；下体皮黄，有由深褐色纵纹形成的中线。飞行时灰色的飞羽与褐色覆羽成对比。虹膜黄色，喙角质色，脚暗绿色。

生活习性：栖息于山区密林的河谷、溪流和沼泽。

保护级别：国家二级保护野生动物。

黑冠鳽

yán

Gorsachius melanolophus

鸟纲 鹈形目 鹭科

形态特征：体长约 49cm。喙粗短而上嘴下弯。成鸟冠羽形短、黑色，上体栗褐色并多具黑色点斑，下体棕黄且具黑白色纵纹，颏白并具由黑色纵纹而成的中线。飞行时黑色的飞羽及白色翼尖有别于栗苇鳽。亚成鸟上体深褐色且具白色点斑及皮黄色横斑，下体苍白具褐色点斑及横斑；与夜鹭亚成鸟的区别在于喙较粗短。虹膜黄色，眼周裸露皮肤为橄榄色，喙橄榄色，脚橄榄色。

生活习性：栖息于山区密林的河谷、溪流和沼泽。

保护级别：国家二级保护野生动物。

岩鹭

Egretta sacra

鸟纲 鹈形目 鹭科

形态特征：体长约58cm。有两种色型，灰色型，体羽清灰色并具短冠羽，近白色的颏在野外清楚可见。白色型与牛背鹭区别在于体型较大，头及颈狭窄。与其他鹭区别在于腿偏绿色且相对较短，喙浅色。虹膜黄色，喙浅黄色，脚绿色。

生活习性：见于沿海岸线地带，在岩石或悬崖上休息，于水边捕食。主食鱼、虾、蟹、昆虫和软体动物。

保护级别：国家二级保护野生动物。

黄嘴白鹭

Egretta eulophotes

鸟纲 鹈形目 鹭科

形态特征：体长约 68cm。腿偏绿色，喙黑而下颚基部黄色。冬季与白鹭区别在于体型略大，腿色不同；与岩鹭的浅色型区别在于腿较长，喙色较暗。繁殖期喙黄色，腿黑色，脸部裸露皮肤蓝色。虹膜黄褐色，喙黑色，下基部黄色，脚黄绿到蓝绿色。

生活习性：栖息于沿海滩涂、河口、红树林和岛屿。在浅水或滩涂上漫步觅食，以鱼、虾和蚝等为食。

保护级别：国家一级保护野生动物。

白鹈鹕

tí hú

Pelecanus onocrotalus

鸟纲 鹈形目 鹈鹕科

形态特征：体长约 160cm。体羽粉白，仅初级飞羽及次级飞羽褐黑。头后具短羽冠，胸部具黄色羽簇。亚成鸟褐色。虹膜红色，喙铅蓝色，裸露喉囊黄色，脸上裸露皮肤粉红色，脚粉红色。

生活习性：栖息于湖泊、沼泽、海岸和河口。喜集群捕食，主食鱼类。

保护级别：国家一级保护野生动物。

斑嘴鹈鹕
tí hú

Pelecanus philippensis

鸟纲 鹈形目 鹈鹕科

形态特征：体长约140cm。体羽灰色，喙具蓝色斑点。两翼深灰，体羽无黑色，喉囊紫色且具黑色云状斑，颈背具短直羽簇。虹膜浅褐色，眼周裸露皮肤偏粉，喙粉红色，脚褐色。

生活习性：栖息于湖泊、沼泽、海岸和河口。主食鱼类，也吃蛙、虾、蟹、蜥蜴和蛇等。

保护级别：国家一级保护野生动物。

卷羽鹈鹕

tí hú

Pelecanus crispus

鸟纲 鹈形目 鹈鹕科

形态特征：体长约175cm。体羽灰白，眼浅黄，喉囊橘黄或黄色。翼下白色，仅飞羽羽尖黑色（白鹈鹕翼部的黑色较多）。颈背具卷曲的冠羽。额上羽不似白鹈鹕前伸而是成月牙形线条。虹膜浅黄色，眼周裸露皮肤粉红色，喙上颚灰，下颚粉红色，脚近灰色。

生活习性：栖息于淡水湖泊、沼泽、河口和海湾。以鱼、虾、蟹、蛙和软体动物等为食。

保护级别：国家一级保护野生动物。

è
鹗

Pandion haliaetus

鸟纲 鹰形目 鹗科

形态特征：体长约55cm。头及下体白色，具黑色贯眼纹，延至颈侧，上体暗褐色，背部有白色小斑，从耳羽到颈侧有黑色纵纹，下体白，上胸有棕褐色粗纹，飞行时两翅狭长，翅下覆羽多白色，尾扇形，上胸有黑褐色横带。

生活习性：栖息在水域附近。主食鱼类。

保护级别：国家二级保护野生动物。

黑翅鸢（yuān）

Elanus caeruleus

鸟纲 鹰形目 鹰科

形态特征：体长约 30cm。成鸟前额灰白，眼先和眼上有狭窄黑色眉纹，头顶、背、翼覆羽及尾基部灰色，脸、颈及下体白色，肩部具明显黑斑，虹膜朱红色。

生活习性：栖息在开阔的田野。主食蛙、鼠和昆虫。

保护级别：国家二级保护野生动物。

凤头蜂鹰

Pernis ptilorhynchus

鸟纲 鹰形目 鹰科

形态特征：体长约58cm。中型猛禽，上体通常为黑褐色，头侧为灰色，喉部白色，具有黑色的中央斑纹，其余下体为棕褐色或栗褐色。头顶暗褐色至黑褐色，头侧具有短而硬的鳞片状羽毛，头的后枕部具有短的黑色羽冠。虹膜金黄色或橙红色，喙黑色，脚和趾为黄色，爪黑色。

生活习性：栖息在疏林和林缘地带。主食蜂类及其其他昆虫，也吃鼠类、小鸟、蛇类、蜥蜴、蛙等。

保护级别：国家二级保护野生动物。

黑冠鹃隼

sǔn

Aviceda leuphotes

鸟纲 鹰形目 鹰科

形态特征：体长约32cm。整体体羽黑色，具黑色的长冠羽，胸具白色宽纹，翼具白斑，腹部具深栗色横纹。两翼短圆，飞行时可见黑色衬，翼灰而端黑。

生活习性：栖息于热带、亚热带湿性常绿阔叶林中，多单个活动。主食昆虫和小型脊椎动物。

保护级别：国家二级保护野生动物。

秃鹫

jiù

Aegypius monachus

鸟纲 鹰形目 鹰科

形态特征：体长约100cm。通体乌褐色，飞羽和尾更黑，头裸出，皮黄色，被污褐色绒羽，喉及眼下部分黑色，嘴角质色，具松软翎颌，翎颌淡褐近白，颈部灰蓝，胸前密被有毛状绒羽，两侧还各有明显的一束蓬松矛状长羽；胸腹各羽微具较淡色纵纹；肛周和尾下覆羽褐白；覆腿羽黑褐色。

生活习性：栖息在高山地带。主食动物尸体。

保护级别：国家一级保护野生动物。

蛇雕

Spilornis cheela

鸟纲 鹰形目 鹰科

形态特征：体长约 50cm。成鸟具短宽而蓬松的黑白色羽冠，眼及嘴间黄色裸露，上体深褐色或灰色，下体褐色，腹部、两胁及臀具白色点斑，尾部黑色横斑间以灰白色的宽横斑，飞行时尾部宽阔的白色横斑及白色的翼后缘明显，两翼圆宽而尾短。亚成鸟褐色较浓，体羽多白色。

生活习性：栖息于热带、亚热带山林间。主食蛇，也吃鼠和小型鸟类。

保护级别：国家二级保护野生动物。

鹰雕

Nisaetus nipalensis

鸟纲 鹰形目 鹰科

形态特征：体长约 74cm。成鸟具狭长形黑色冠羽，眉纹和颊纯棕白色，上体褐色，具黑、白色纵纹及杂斑。尾羽暗褐色，具 4—5 条宽阔的黑褐色横斑，颏、喉及下体淡棕白色，具黑色的喉中线及纵纹。胸部具黑褐色纵纹，下腹部、大腿及尾下棕色而具白色横斑。

生活习性：栖息在森林地带。主食野兔、鸟和蜥蜴等。

保护级别：国家二级保护野生动物。

林雕

Ictinaetus malaiensis

鸟纲 鹰形目 鹰科

形态特征：体长约 70cm。成鸟通体黑褐色，尾上覆羽淡褐色，具白色横斑，尾羽具灰色横斑。幼鸟上体较淡，为褐色，头颈部羽缘为棕褐色，下体具棕褐色滴状斑，腹部和两胁具暗色纵纹。

生活习性：栖息在常绿阔叶林中。主食鼠、蛇及小型鸟类。

保护级别：国家二级保护野生动物。

乌雕

Clanga clanga

鸟纲 鹰形目 鹰科

形态特征：体长约70cm。整体深褐色，上体稍具紫色金属光泽，尾上覆羽均具白色的“U”形斑，飞行时从上方可见。

生活习性：栖息在沼泽或其附近林地。主食鼠、蛙、蜥蜴及昆虫等。

保护级别：国家一级保护野生动物。

草原雕

Aquila nipalensis

鸟纲 鹰形目 鹰科

形态特征： 体长约 65cm。整体黑褐色，飞羽具较暗横斑，外侧飞羽黑色，具褐与污白相间的横斑，下体暗土褐色，具灰色稀疏的横斑，两翼具深色后缘。雌鸟体型较大。

生活习性： 栖息于山地开阔的草地。主食鼠、蛇、蜥蜴和小型鸟类，也吃动物尸体。

保护级别： 国家一级保护野生动物。

白肩雕

Aquila heliaca

鸟纲 鹰形目 鹰科

形态特征：体长约75cm。头顶及颈背皮黄色，上背两侧羽尖白色，尾基部具黑及灰色横斑，与其余的深褐色体羽成对比，飞行时身体及翼下覆羽全黑色。幼鸟皮黄色，体羽及覆羽具深色纵纹，飞行时翼上有狭窄的白色后缘，尾、飞羽均色深，仅初级飞羽楔形，尖端色浅，下背及腰具大片乳白色斑，飞行时从上边看覆羽有两道浅色横纹，跗蹠被羽。

生活习性：栖息于海拔2000m以下的山地针阔混交林和阔叶林。主食鼠、野兔、鸟、蛇和蜥蜴等，也吃动物尸体。

保护级别：国家一级保护野生动物。

金雕

Aquila chrysaetos

鸟纲 鹰形目 鹰科

形态特征：体长约 85cm。整体深褐色，头顶和颈部金色，肩部较淡，背肩部稍有紫色光泽，尾羽灰褐色，具不规则的暗灰褐色横斑或斑纹和一宽阔的黑褐色端斑，嘴巨大。

生活习性：栖息于高山草原和森林。主食大型鸟类和兽类，也吃动物尸体。

保护级别：国家一级保护野生动物。

白腹隼（sǔn）雕

Aquila fasciata

鸟纲 鹰形目 鹰科

形态特征：体长约59cm。雄鸟上体黑褐色，肩羽褐色，尾灰色，具7条窄的暗褐色波浪形横斑和宽阔的黑褐色端斑，胸部色浅而具深色纵纹，跗蹠被褐色羽，飞行时上背具白色块斑。雌鸟较雄鸟浅淡，体型较大。

生活习性：栖息于低山、丘陵地带森林中的悬崖和河谷岩石。主食鼠、鸟、野兔、蛇、蜥蜴和体大的昆虫。

保护级别：国家二级保护野生动物。

凤头鹰

Accipiter trivirgatus

鸟纲 鹰形目 鹰科

形态特征：体长约 42cm。头顶黑灰色，具短羽冠，颈较淡，具黑色羽干纹，两翼及尾具横斑，颏、喉和胸白色，颏和喉具一黑褐色中央纵纹，下体棕色，胸部具白色纵纹，腹部及大腿白色、具近黑色粗横斑，尾淡褐色，具 3—4 条黑褐色横带。

生活习性：栖息于常绿阔叶林中。主食小型鸟类、蜥蜴和鼠等。

保护级别：国家二级保护野生动物。

褐耳鹰

Accipiter badius

鸟纲 鹰形目 鹰科

形态特征：体长约33cm。雄鸟上体蓝灰色，头灰白色，颊灰色而缀有棕色，后颈有一条红褐色领圈，初级飞羽黑灰色，尖端黑色，喉白并具浅灰色纵纹，胸及腹部具棕色及白色细横纹，尾羽具5条黑褐色横斑和淡白色端斑。雌鸟上体较褐灰色，喉常为灰色，中央一对尾羽有明显的黑褐色亚端斑。

生活习性：栖息于山地和平原地带的稀疏林地、农田、草地、林缘等水边。主食鸟、蛙、蜥蜴、鼠和大的昆虫。

保护级别：国家二级保护野生动物。

赤腹鹰

Accipiter soloensis

鸟纲 鹰形目 鹰科

形态特征：体长约33cm。雄鸟上体淡蓝灰色，背部羽尖略具白色，翼和尾灰褐色，外侧尾羽具不明显黑色横斑，颏、喉乳白色，胸和两胁淡红褐色，下胸具少数不明显的横斑，腹中央和尾下覆羽白色。雌鸟体色稍深，胸棕色较浓，有较多的灰色横斑。

生活习性：栖息于山地森林和林缘地带。主食蛙、蜥蜴等。

保护级别：国家二级保护野生动物。

日本松雀鹰

Accipiter gularis

鸟纲 鹰形目 鹰科

形态特征： 体长约27cm。雄鸟上体和翅表面石板灰色，尾灰褐色，具3道黑色横斑和1道宽的黑色端斑，头两侧较淡，喉乳白色，具一条窄的黑灰色中央纹，胸、腹和两胁白色或乳白色，具淡灰色或棕红色横斑。雌鸟上体较褐色，下体白色具细的灰褐色横斑。

生活习性： 栖息于山地针叶林和针阔混交林中。主食小型鸟类，也吃昆虫、蜥蜴等。

保护级别： 国家二级保护野生动物。

松雀鹰

Accipiter virgatus

鸟纲 鹰形目 鹰科

形态特征：体长约 33cm。雄鸟上体黑灰色，喉白色，喉中央有一条宽阔黑色中央纹，其余下体白色或灰白色，具褐色或棕红斑，尾具 4 道暗色横斑。雌鸟个体较大，上体暗褐色，下体白色具暗褐色或赤棕褐色横斑。

生活习性：栖息于茂密的针叶林、常绿阔叶林及开阔的林缘或疏林地。主食小型鸟类，也吃蜥蜴、鼠和昆虫等。

保护级别：国家二级保护野生动物。

雀鹰

Accipiter nisus

鸟纲 鹰形目 鹰科

形态特征：雄鸟体长约32cm，上体暗灰色，尾羽灰褐色，具4—5道黑褐色横斑、灰白色端斑和较宽的黑褐色次端斑，眼先灰色，具黑色刚毛，头侧和脸棕色，下体白色，颏和喉满布褐色羽干细纹，胸、腹和两胁具红褐色或暗褐色细横斑。雌鸟体长约38cm，上体灰褐色，头顶和后颈具白斑，尾羽暗褐色；头侧和脸乳白色，沾淡棕黄色，下体乳白色，颏和喉具较宽的暗褐色纵纹，胸、腹、两胁和覆腿羽均具暗褐色横斑。

生活习性：栖息于山地针叶林、针阔混交林、常绿阔叶林等。主食小型鸟类、鼠和昆虫。

保护级别：国家二级保护野生动物。

苍鹰

Accipiter gentilis

鸟纲 鹰形目 鹰科

形态特征：体长约 56cm。成鸟具白色的宽眉纹，耳羽黑色，上体灰褐色，飞羽有暗褐色横斑，尾灰褐色，具黑褐色横斑，喉部有黑褐色细纹及暗褐色斑，胸、腹、两胁和覆腿羽布满较细的横纹。幼鸟眉纹不明显，耳羽褐色，上体褐色浓重，羽缘色浅成鳞状纹，下体具偏黑色粗纵纹。

生活习性：栖息于疏林、林缘和灌丛地带。捕食鼠、野兔和鸟类等。

保护级别：国家二级保护野生动物。

白头鹞

Circus aeruginosus

鸟纲 鹰形目 鹰科

形态特征：体长约 50cm。雄鸟头顶白，后颈淡黄白色或棕白色，上体栗褐色或铜锈色，尾羽银灰褐色，端缘较浅淡，肩皮黄色，初级覆羽和外侧大覆羽银灰色，外侧初级飞羽黑褐色，下体颏、喉和上胸淡黄色或皮黄色，具暗褐色纵纹，其余下体棕栗褐色或锈色。雌鸟暗褐色，头至枕部和喉皮黄白色或淡黄白色，飞羽和尾羽暗褐色。

生活习性：栖息于水边草地或沼泽地。主食小型鸟类、鸟卵、鼠、蛙、蜥蜴和蛇等，也吃动物尸体。

保护级别：国家二级保护野生动物。

白腹鹞(yào)

Circus spilonotus

鸟纲 鹰形目 鹰科

形态特征： 体长约50cm。雄鸟上体上部白色，具宽阔的黑褐色纵纹，下部黑褐色，具污灰白色或淡棕色斑点，尾羽银灰色，下体白色，喉和胸具黑褐色纵纹，覆腿羽和尾下覆羽白色，具淡棕褐色斑或斑点。雌鸟上体褐色，具棕红色羽缘，头至后颈乳白色或黄褐色，具暗褐色纵纹，尾羽银灰色，微有棕色，具黑褐色横斑，下体黄白色或白色，具宽的褐色羽干纹，覆腿羽和尾下覆羽白色，具淡棕褐色斑。

生活习性： 栖息于沼泽、江河与湖泊沿岸等较潮湿而开阔的地带。主食鸟、鼠、蛙、蜥蜴、蛇、野兔和大的昆虫，也吃动物尸体。

保护级别： 国家二级保护野生动物。

白尾鹞(yào)

Circus cyaneus

鸟纲 鹰形目 鹰科

形态特征：体长约 50cm。雄鸟头顶灰色，耳羽后下方有皱领，上体蓝灰色，有时微沾褐色，下体颏、喉和上胸蓝灰色，其余纯白色。雌鸟上体暗褐色，头至后颈、颈侧和翅覆羽具棕黄色羽缘、耳后有皱翎，尾具黑褐色横斑，下体皮棕白色或皮黄白色，具红褐色或棕黄色纵纹，缀以暗棕褐色纵纹。

生活习性：栖息于平原和低山丘陵地带，尤其是平原上的湖泊、沼泽、河谷、草原、荒野及林间沼泽。主食小型鸟类、鼠、蛙、蜥蜴和大型昆虫等。

保护级别：国家二级保护野生动物。

草原鹞(yào)

Circus macrourus

鸟纲 鹰形目 鹰科

形态特征：体长约 46cm。雄鸟头白色，上体灰色，头顶、背和翅上覆羽均缀有褐色，翼尖具黑色的小楔形斑。雌鸟体型稍大，上体褐色，头至后颈淡黄褐色，尾羽端缘黄褐色，下体颏和胸部皮黄白色，具宽阔的褐色羽干纵纹。

生活习性：栖息于平原及低山丘陵地带的草地和森林。主食鼠、野兔、蜥蜴、鸟类和鸟卵。

保护级别：国家二级保护野生动物。

鹊鹞

yào

Circus melanoleucos

鸟纲 鹰形目 鹰科

形态特征：体长约 42cm。雄鸟上体黑色，内侧初级飞羽、次级飞羽和大覆羽银灰色，翅上小覆羽白色，腰及尾上覆羽白色且具银灰色光泽，尾银灰色沾褐色，下体颏、喉至上胸黑色，下胸、腹、胁、覆腿羽、尾下覆羽、翅下覆羽和腋羽均为纯白色。雌鸟上体暗褐色，头缀以棕白色羽缘，背和肩具窄的棕色羽缘，尾羽灰褐色且具黑褐色横斑，翅外侧飞羽暗褐色且具黑褐色斑纹，内侧飞羽灰褐色且具暗褐色横斑纹，初级覆羽灰褐色，下体污白色且具黑褐色纵纹。

生活习性：栖息于开阔的低山、丘陵和平原地带的草地、河谷、沼泽、林缘灌丛和沼泽地。主食鸟、鼠、蛙、蜥蜴、蛇和昆虫等。

保护级别：国家二级保护野生动物。

乌灰鹞(yào)

Circus pygargus

鸟纲 鹰形目 鹰科

形态特征：体长约46cm。雄鸟上体石板蓝灰色，颏、喉和上胸暗蓝灰色，下胸、腹和两胁白色且具棕色纵纹，外侧初级飞羽黑色，其余初级飞羽和次级飞羽灰色，次级飞羽上面具一条黑色横带，下面具两条黑色横带，翼下覆羽白色，具模糊的红褐色纵纹。雌鸟上体暗褐色，腰白色，下体皮黄白色且具较粗著的暗红褐色纵纹，尾上覆羽白色而具暗色横斑，颈部皱翎不明显。

生活习性：栖息于低山、丘陵和平原地带的河流、湖泊、沼泽和林缘灌丛等开阔地带。主食鼠、蛙、蜥蜴和大的昆虫，也吃小型鸟类和鸟卵。

保护级别：国家二级保护野生动物。

黑鸢

yuān

Milvus migrans

鸟纲 鹰形目 鹰科

形态特征：体长约 55cm。上体暗褐色，尾棕褐色，呈浅叉状，具黑褐相间横带，翼下有一大白色斑，下体颏、颊和喉灰白色，胸、腹及两胁暗棕褐色，具粗著的黑褐色羽干纹，下腹至肛部羽毛稍浅淡，呈棕黄色，翅上覆羽棕褐色。

生活习性：栖息于开阔平原、低山和丘陵地带。主食小型鸟类、鼠、蛇、蛙、鱼、野兔、蜥蜴和昆虫等。

保护级别：国家二级保护野生动物。

栗鸢

yuān

Haliastur indus

鸟纲 鹰形目 鹰科

形态特征：体长约 45cm。头、颈、胸和上背白色，其余均为栗色，初级飞羽黑色，尾圆形。

生活习性：栖息于江河、湖泊、水塘、沼泽、沿海海岸和邻近的城镇与村庄。主食蟹、蛙、鱼等，也吃昆虫、虾、蜥蜴、小型鸟类和鼠。

保护级别：国家二级保护野生动物。

白腹海雕

Haliaeetus leucogaster

鸟纲 鹰形目 鹰科

形态特征：体长约70cm。头部、颈部和下体都是白色，背部为黑灰色，尾褐色，端部白色，呈楔形，飞翔时从下面看，通体除飞羽和尾羽的基部为黑色外，其余全部为白色。

生活习性：栖息于海岸及河口地区，有时也出现在离海岸不远的丘陵和水库上空。主食鱼、海龟和海蛇。

保护级别：国家一级保护野生动物。

白尾海雕

Haliaeetus albicilla

鸟纲 鹰形目 鹰科

形态特征：体长约 85cm。头、胸浅褐色，后颈羽毛为长披针形，背以下上体暗褐色，尾纯白色，较短，呈楔状，下体颏、喉淡黄褐色，胸部羽毛呈披针形，淡褐色。

生活习性：栖息于湖泊、河流、海岸、岛屿及河口地区。主食鱼类，也吃鸟类等，有时还吃动物尸体。

保护级别：国家一级保护野生动物。

灰脸鵟鹰

kuáng

Butastur indicus

鸟纲 鹰形目 鹰科

形态特征： 体长约 45cm。上体暗棕褐色，尾灰褐色，具有 3 道宽的黑褐色横斑，脸颊和耳区灰色，眼先和喉部均白色，喉部还具有宽的黑褐色中央纵纹，胸褐色而具黑色细纹，胸部以下为白色，具较密的棕褐色横斑。眼黄色，嘴黑色，嘴基部和蜡膜为橙黄色，跗跖和趾为黄色，爪为角黑色。

生活习性： 栖息于常绿阔叶林、针阔混交林和针叶林。主食蛇、蛙、蜥蜴、鼠、野兔和鸟等。

保护级别： 国家二级保护野生动物。

毛脚鵟(kuáng)

Buteo lagopus

鸟纲 鹰形目 鹰科

形态特征：体长约 54cm。头白色，缀黑褐色羽干纹，上体褐色，羽缘淡色，飞羽灰褐色，具暗褐色横斑，下背和肩部常缀近白色的不规则横带，尾圆而不分叉，翼角具黑斑，脚趾有丰厚的羽毛覆盖。

生活习性：栖息于低山丘陵地带的稀疏针阔混交林及周边开阔地区。主食鼠和小型鸟类。

保护级别：国家二级保护野生动物。

大鵟

kuáng

Buteo hemilasius

鸟纲 鹰形目 鹰科

形态特征：体长约 70cm。上体暗褐色，肩和翼上覆羽缘淡褐色，翅暗褐色，翅下飞羽基部有白斑，头和颈部羽色稍淡，眉纹黑色，尾淡褐色，具 6 条淡褐色和白色横斑，下体淡棕色、具暗色羽干纹及横纹，覆腿羽暗褐色。

生活习性：栖息于山地、平原地带。主食鼠、蛙、蜥蜴、野兔、蛇、小型鸟类和昆虫等。

保护级别：国家二级保护野生动物。

普通鵟（kuáng）

Buteo japonicus

鸟纲 鹰形目 鹰科

形态特征：体长约 55cm。上体深红褐色，脸皮黄色具红色细纹，栗色的髭纹显著，下体主要为暗褐色或淡褐色、具深棕色横斑或纵纹，尾羽为淡灰褐色、具多道暗色横斑，飞翔时两翼宽阔，在初级飞羽的基部有明显的白斑，翼下为肉色，仅翼尖、翼角和飞羽的外缘为黑色或者全为黑褐色，尾羽呈扇形散开。

生活习性：主要栖息于山地森林和林缘地带。主食鼠。

保护级别：国家二级保护野生动物。

黄嘴角鸮(xiāo)

Otus spilocephalus

鸟纲 鸮形目 鸱鸮科

形态特征：体长约 18cm。成鸟上体棕褐色，而缀以黑褐色虫蠹细纹，面盘暗黄色有褐色细纹，头顶有浅土黄色而镶有暗缘的斑点，后颈领圈不明显，肩部有大型白色斑点，尾羽棕栗色。下体灰棕褐色，有白色、浅黄色、棕色等斑杂的虫蠹斑，虹膜黄色，嘴黄色，跗蹠灰黄褐色。

生活习性：生活在 1000—3000m 的高山常绿林中，营夜行生活。主食昆虫。

保护级别：国家二级保护野生动物。

领角鸮(xiāo)

Otus lettia

鸟纲 鸮形目 鸱鸮科

形态特征：体长约 24cm。成鸟上体及两翅灰褐色，具黑褐色虫蠹状细斑和棕白色斑，具明显翎领，肩羽及翅上外侧覆羽的端部有大型浅棕色或白色斑，尾羽横贯六道棕色而杂以黑点的横斑，额和面盘白色，稍缀以黑褐色细点，具明显耳羽簇，颏和喉白色。下体全部灰白色，满杂黑褐色羽干纹及浅棕色的波状横斑，趾部披羽，虹膜黄色，嘴角色沾绿，爪黄色。

生活习性：栖息于村庄附近浓密的大榕树等地，夜行性。主食昆虫。

保护级别：国家二级保护野生动物。

xiāo
红角鸮

Otus sunia

鸟纲 鸮形目 鸱鸮科

形态特征：体长约 20cm。成鸟上体棕黄色，满布暗褐色狭细的虫蠹状斑纹，头顶具黑褐色羽干纹和黄白色块斑，肩羽具围以黑褐色的大型白斑，眼先白色，羽须发达呈暗褐色，面盘沙黄、杂白色和黑色斑纹，颏白色，喉和胸部棕黄，具黑色羽干纹及暗褐色虫蠹状斑纹。下体余部几呈白色，具暗褐色和沙黄色相杂的虫蠹状斑及黑色羽干纹，跗蹠被羽沙黄，虹膜黄色，嘴暗绿色，下嘴先端近黄色。

生活习性：栖息于靠近水源的河谷林地。主食昆虫。

保护级别：国家二级保护野生动物。

雕鸮

xiāo

Bubo bubo

鸟纲 鸮形目 鸱鸮科

形态特征：体长约 69cm。成鸟耳簇羽突出于头顶两侧、外黑内棕，眼上方有一大黑斑，面盘淡棕白色，杂以褐色细斑，皱领棕而端部缀黑，头顶黑褐色，杂以黑色波状细斑，后颈和上背棕色、贯以黑褐色羽干纹，肩、下背及三级飞羽呈砂灰色并杂以棕色和黑褐色斑，喉部具白色喉斑，胸、胁部有浓密浅黑色条纹，腹部及尾下覆羽有狭小黑色横斑，腿覆羽及尾下覆羽微杂以褐色细横斑。虹膜金黄色，嘴和爪均暗铅色而具黑端。

生活习性：栖息于山地林木、裸露的岩石丛中或峭壁上。主食鼠。

保护级别：国家二级保护野生动物。

黄腿渔鸮

Ketupa flavipes

鸟纲 鸮形目 鸱鸮科

形态特征：体长约61cm。成鸟头和耳簇羽橙棕色，眼先白，颊、耳羽和颏均橙棕而具黑色羽干纹，喉部有一大型白色喉斑，上体橙棕色，具宽阔黑褐色羽干纹，飞羽及尾羽暗褐色并有橙棕色横斑及羽端斑。下体至尾下覆羽橙棕色、具宽阔黑褐色羽干纹，覆腿羽为橙棕色绒状羽。跗蹠后缘1/3披羽，前缘披羽过半。

生活习性：分布于1000m以下靠近溪流的林区中。主食鱼和鼠等。

保护级别：国家二级保护野生动物。

褐林鸮(xiāo)

Strix leptogrammica

鸟纲 鸮形目 鸱鸮科

形态特征：体长约50cm。通体栗褐色，有白色或棕白色眉纹，眼圈黑色，面盘棕褐色，肩、翅及翅上覆羽有黄白色横斑及白色羽端斑，颏黑褐色，喉斑纯白，其余下体皮黄色，遍布狭窄褐色横斑，覆腿羽浅茶黄色，跗蹠披羽至趾、浅黄色，褐色横斑更为细密。

生活习性：栖息于稠密的树林内。主食鼠和小型鸟类。

保护级别：国家二级保护野生动物。

灰林鸮(xiāo)

Strix aluco

鸟纲 鸮形目 鸱鸮科

形态特征：体长约 43cm。头圆，面盘橙棕色，眼先及眼的上方白色，无耳羽簇，喉白色，上体一般羽色黑褐、而具橙棕色横斑及点斑，尾羽暗褐，先端有灰白色羽端斑和 6 道棕色横斑，外侧翅上覆羽具翼斑。下体白或皮黄色，有浓密条纹及细小虫蠹纹。

生活习性：栖息于沟谷地带栎林或针叶树上。主食鼠。

保护级别：国家二级保护野生动物。

领鸺鹠

xiū liú

Glaucidium brodiei

鸟纲 鸮形目 鸱鸮科

形态特征：体长约16cm。成鸟上体灰褐而具浅橙黄色横斑，颈圈浅色，具白或皮黄色的小型“眼状斑”，上体浅褐色而具橙黄色横斑，头顶灰色，无耳羽簇，颏及前额白色，喉部有一栗褐色块斑，下体白色，两胁有宽阔棕褐色纵纹及横纹。

生活习性：栖息于林缘开阔地带。主食鼠、小型鸟类和昆虫。

保护级别：国家二级保护野生动物。

斑头鸺鹠

xiū liú

Glaucidium cuculoides

鸟纲 鸮形目 鸱鸮科

形态特征：体长约 24cm。成鸟头和上体暗褐色，密布以狭细的棕白色横斑，眼上有短狭的白色眉纹，无耳羽簇，颏和喉部白色，喉上部中央块斑暗褐并杂以棕白色细小横斑，上腹和两胁与喉部块斑同色，下腹白而有稀疏的褐色粗纹。

生活习性：栖息于常绿阔叶林。主食昆虫、小型鸟类和鼠。

保护级别：国家二级保护野生动物。

日本鹰鸮(xiāo)

Ninox japonica

鸟纲 鸮形目 鸱鸮科

形态特征：体长约30cm。成鸟头、颈灰褐色，无显著的面盘、翎领和耳羽簇，上体暗棕褐色，两眼之间具白斑，肩部有白色斑，喉部和前颈为皮黄色而具有褐色的条纹，下体白色，有明显宽而纵向的棕色条纹和水滴状的红褐色斑点。虹膜金黄色，嘴灰黑色，脚黄色，跗蹠被羽，趾裸出、肉红色，爪黑色。

生活习性：栖息于森林。主食昆虫，也吃蛙、蜥蜴、小型鸟类、鼠和蝙蝠等。

保护级别：国家二级保护野生动物。

长耳鸮
xiāo

Asio otus

鸟纲 鸮形目 鸱鸮科

形态特征：体长约 36cm。成鸟面盘圆且发达，前额白色与褐色相杂，眼的上下缘均黑，面盘的侧部棕黄，皱领白而羽端缀黑褐色，耳羽簇发达呈黑褐色，上体棕黄色及黑褐色斑纹相杂，肩羽和大覆羽端处有棕色或棕白色圆斑，下体棕黄色、杂以黑褐色、有横枝的纵纹，趾披密羽。

生活习性：栖息于阔叶林和针叶林中，夜行性鸟类。主食鼠和小型鸟类。

保护级别：国家二级保护野生动物。

短耳鸮

Asio flammeus

鸟纲 鸮形目 鸱鸮科

形态特征：体长约38cm。成鸟面盘发达，眼周黑色，眼先及内侧眉部白色，面盘余羽棕黄，并杂以黑色羽干狭纹，耳羽短小不外露、黑褐色，皱领稍白，上体棕黄色而有黑色、皮黄色斑点及条纹，下体黄色、有黑色纵纹。

生活习性：栖息于沼泽地带。主食鼠、小型鸟类和昆虫。

保护级别：国家二级保护野生动物。

草鸮(xiāo)

Tyto longimembris

鸟纲 鸮形目 草鸮科

形态特征：体长约 35cm。成鸟面盘棕色，眼先有一大黑斑，面盘周围有暗栗翎领，下面的翎羽镶有暗褐色细边。上体暗褐而具棕黄色斑纹，并有细小的白色斑点；下体黄白色，并散布有许多褐色斑点。尾白而具褐色横斑，跗蹠披密羽。

生活习性：栖息于山坡草地或开旷草地。主食鼠和小型鸟类。

保护级别：国家二级保护野生动物。

红头咬鹃

Harpactes erythrocephalus

鸟纲 咬鹃目 咬鹃科

形态特征：体长约33cm。雄鸟头部暗赤红色，背及两肩棕褐色，腰及尾上覆羽棕栗色，翼上密布白色虫蠹状细横纹，颏淡黑色，喉至胸由亮赤红至暗赤红色，后者有一狭形，或有中断的白色半环纹，下胸以下为赤红色至洋红色。雌鸟头、颈和胸纯为橄榄褐色，腹部为比雄鸟略淡的红色，翼上的白色虫蠹状纹转为淡棕色。虹膜淡黄色，嘴黑色，脚淡褐色。

生活习性：栖息于次生密林，单个或成对活动，树栖性。主食植物果实和昆虫。

保护级别：国家二级保护野生动物。

栗喉蜂虎

Merops philippinus

鸟纲 佛法僧目 蜂虎科

形态特征： 体长约 30cm。贯眼纹黑色，其下一狭形眉纹淡蓝绿色，自额至背及翅辉绿色，腰至尾亮绿蓝色，初、次级飞羽具淡黑色羽端，颏鲜黄色，喉鲜栗色，自胸以下浅黄绿至浅绿色。

生活习性： 结群活动于较开阔的近水地带。食昆虫。

保护级别： 国家二级保护野生动物。

蓝喉蜂虎

Merops viridis

鸟纲 佛法僧目 蜂虎科

形态特征：体长约 28cm。贯眼纹黑色，自额至背紫栗色，下背至尾下覆羽淡蓝色，中央尾羽深蓝色，肩羽及翅表面浓绿色光泽，颏和喉蓝色，胸有绿色光泽，向下渐淡而近白，尾下覆羽沾蓝。

生活习性：栖息于丘陵或山地森林。主食昆虫。

保护级别：国家二级保护野生动物。

白胸翡翠

Halcyon smyrnensis

鸟纲 佛法僧目 翠鸟科

形态特征：体长约 27cm。头、后颈、上背棕赤色，下背、腰、尾上覆羽，尾、翼亮蓝色，初级飞羽端部黑褐色，中覆羽黑色，小覆羽棕赤色，颏、喉、前胸和胸部中央白色，眼下、耳羽、颈的两侧、胸侧、腹、尾下覆羽棕赤色。

生活习性：栖息于平原和丘陵的树丛中或沼泽附近。主食昆虫、蟹、蛙、鱼和蜥蜴等。

保护级别：国家二级保护野生动物。

斑头大翠鸟

Alcedo hercules

鸟纲 佛法僧目 翠鸟科

形态特征：体长约 23cm。头和颈黑色，羽端部翠蓝色，具反光，背、腰、尾上覆羽亮蓝色，尾端深蓝色，翼黑褐色，次级飞羽和所有覆羽的外羽片均具绿蓝色羽缘，眼先黑色，眼下白色，耳羽翠蓝色，颈侧具皮黄色条纹，颏、喉黄白色，前颈、胸、腹、尾下的覆羽深棕色。

生活习性：栖息于多树的河流、低地及小山丘。以鱼、虾及昆虫等为食。

保护级别：国家二级保护野生动物。

白腹黑啄木鸟

Dryocopus javensis

鸟纲 啄木鸟目 啄木鸟科

形态特征：体长约 42cm。雄鸟额、头顶、枕、羽冠鲜红色，下嘴基部有一暗红色粗纹延至眼下，腰、两胁白色，腹部乳白，初级飞羽末端有点黄白，身体其余部分全为深黑色。雌鸟下嘴基部处黑色，初级飞羽末端黑色。

生活习性：栖息于山地针叶林或常绿阔叶林。主食昆虫。

保护级别：国家二级保护野生动物。

大黄冠啄木鸟

Chrysophlegma flavinucha

鸟纲 啄木鸟目 啄木鸟科

形态特征： 体长约 34cm。雄鸟头棕绿色，具金黄色大冠，眼下有一淡黄色纵纹，向后一直延伸至颈，背、腰、尾，上覆羽鲜绿色，尾羽黑色，飞羽深棕色而具宽阔的黑色横斑，羽端黑色，下体的颏、喉为淡黄色，前颈黑色，胸、腹、尾下覆羽灰绿色，两胁灰白色。雌鸟眼下纵纹和颏、喉黑色，羽毛边缘具棕色。

生活习性： 栖息于原始林或山地次生阔叶林，常成对或小群活动。主食昆虫，也吃植物果实和种子。

保护级别： 国家二级保护野生动物。

黄冠啄木鸟

Picus chlorolophus

鸟纲 啄木鸟目 啄木鸟科

形态特征：体长约26cm。雄鸟额、眉纹、枕后血红色，头顶和枕深绿色，枕后具金黄色的冠，眼下具白色纵纹伸至颈，下有一条血红色纵纹也伸至颈，耳羽绿灰色，背、腰、尾上覆羽为鲜绿色，尾、飞羽黑褐色，初级飞羽具血红色带，下体的颏、喉、后胸、腹、尾下覆羽和两胁黄灰色，具白色大横斑，前颈和上胸橄榄绿色。雌鸟额和枕后无血红色，血红色眉纹只在眼后。

生活习性：栖息于地势较高的森林。主食蚂蚁，也吃其他昆虫和植物果实。

保护级别：国家二级保护野生动物。

白腿小隼(sǔn)

Microhierax melanoleucus

鸟纲 隼形目 隼科

形态特征：体长约 15cm。成鸟前额及眉纹白色，伸至后颈两侧，眼后和耳羽黑色，头顶、背、翅、尾黑色，最内侧次级飞羽具白色点斑，下体白色。

生活习性：栖息于亚热带常绿阔叶林。主食小型鸟类和昆虫。

保护级别：国家二级保护野生动物。

sǔn
红隼

Falco tinnunculus

鸟纲 隼形目 隼科

形态特征：体长约33cm。雄鸟上体赤褐色，头顶及颈背灰色，尾蓝灰无横斑，上体赤褐略具黑色横斑，下体皮黄而具黑色纵纹。雌鸟体型略大，上体全褐，比雄鸟少赤褐色而多粗横斑。

生活习性：栖息于山区针阔混交林、灌丛或草地。主食昆虫、蛙、蜥蜴、蛇、小型鸟类和鼠。

保护级别：国家二级保护野生动物。

红脚隼(sǔn)

Falco amurensis

鸟纲 隼形目 隼科

形态特征：体长约30cm。雄鸟上体多石板黑色，颏、喉、颈侧、胸、腹部淡石板灰色，胸具细的黑褐色羽干纹，尾下覆羽、覆腿羽棕红色。雌鸟上体石板灰色、具黑褐色羽干纹，下背、肩具黑褐色横斑，颏、喉、颈侧乳白色，其余下体淡黄白色或棕白色，胸部具黑褐色纵纹，腹中部具点状或矢状斑，腹两侧和两胁具黑色横斑。

生活习性：栖息于低山、平原、丘陵地区的疏林、林缘、沼泽、草地、河流、山谷等开阔地带。主食昆虫，也捕食小型鸟类、蜥蜴、蛙和鼠等。

保护级别：国家二级保护野生动物。

灰背隼

Falco columbarius

鸟纲 隼形目 隼科

形态特征：体长约30cm。雄鸟头顶及上体蓝灰，略带黑色纵纹，眉纹白，尾蓝灰、具黑色次端斑，端白，下体黄褐并多具黑色纵纹，颈背棕色。雌鸟及亚成鸟上体灰褐，腰灰，眉纹及喉白色，下体偏白而胸及腹部多深褐色斑纹，尾具近白色横斑。

生活习性：栖息于林缘、林中空地、山岩和有稀疏树木的开阔地方。主要以小型鸟类、鼠类和昆虫等为食，也吃蜥蜴、蛙和小型蛇类。

保护级别：国家二级保护野生动物。

燕隼（sǔn）

Falco subbuteo

鸟纲 隼形目 隼科

形态特征：体长约30cm。上体为暗蓝灰色，有细白色眉纹，具黑色髭纹，颈侧、喉、胸和腹白色，胸和腹有黑色的纵纹，下腹至尾下覆羽和覆腿羽为棕栗色，尾灰色或石板褐色。飞翔时翅膀狭长而尖，翼下为白色，密布黑褐色的横斑。

生活习性：栖息于平原、海岸地带疏林和林缘。主食小型鸟类、蝙蝠和昆虫。

保护级别：国家二级保护野生动物。

游隼

sǔn

Falco peregrinus

鸟纲 隼形目 隼科

形态特征：体长约 45cm。头顶和后颈暗石板蓝灰色到黑色，背、肩、腰和尾上覆羽蓝灰色，具黑褐色羽干纹和横斑，尾暗蓝灰色，具黑褐色横斑和淡色尖端，翅上覆羽淡蓝灰色，具黑褐色羽干纹和横斑，飞羽黑褐色，具污白色端斑和微缀棕色斑纹，脸颊部和宽阔而下垂的髭纹黑褐色，喉和髭纹前后白色，其余下体白色或皮黄白色，上胸和颈侧具细的黑褐色羽干纹，其余下体具黑褐色横斑，翼下覆羽、腋羽和覆腿羽亦为白色，具密集的黑褐色横斑。

生活习性：栖息于山地、丘陵、沼泽与湖泊沿岸。主食鸟，也捕食鼠和野兔。

保护级别：国家二级保护野生动物。

红领绿鹦鹉

Psittacula krameri

鸟纲 鹦形目 鹦鹉科

形态特征： 体长约38cm。雄鸟头部有绿色光泽，眼先有一狭形黑线，颏、喉黑色，并向后两侧形成髭纹伸达颈侧，与一狭形玫瑰红色的颈环相连；上体余部具草绿色光泽，近领环处显蓝色，腰和尾上覆羽特别辉亮，中央尾羽蓝绿色，基缘较绿，羽端狭缘黄色，外侧尾羽越向外越呈绿色，翅绿色；下体绿色较淡，肛周、覆腿羽、翼下覆羽等浅黄色。雌鸟头上没黑斑或黑纹，颈部无玫瑰色的领环。

生活习性： 栖息于开阔的疏林地。主食植物种子和果实。

保护级别： 国家二级保护野生动物。

仙八色鸫

Pitta nympha

鸟纲 雀形目 八色鸫科

形态特征：体长约20cm。头深栗褐色，中央冠纹黑色，窄而长的眉纹皮黄白色，黑色贯眼纹宽阔，背、肩和内侧次级飞羽表面亮深绿色，腰、尾上覆羽和翅上小覆羽钴蓝色而具光泽，中覆羽、大覆羽绿色微沾蓝色，初级覆羽和飞羽黑色，尾黑色，羽端钴蓝色，喉白色，胸淡茶黄色或皮黄白色，腹中部和尾下覆羽血红色。

生活习性：栖息于低地灌木丛或次生林。食昆虫。

保护级别：国家二级保护野生动物。

蓝翅八色鸫(dōng)

Pitta moluccensis

鸟纲 雀形目 八色鸫科

形态特征：体长约 18cm。前额至后枕部中央冠纹黑色，两侧赭灰、后部渲染金黄色，枕和后颈部金红色，背部、肩羽及尾羽表面全为亮蓝色；下体满布黑色斑点，渲染淡紫蓝色，闪耀丝光色泽。

生活习性：栖息于林下灌丛，常见单独在林下地面觅食。食昆虫。

保护级别：国家二级保护野生动物。

云雀

Alauda arvensis

鸟纲 雀形目 百灵科

形态特征： 体长约 18cm。上体砂棕色，具宽阔的黑褐色轴纹，羽冠具细纹，两翅黑褐、具棕色边缘和先端，中央尾羽黑褐，最外侧一对几乎纯白，眼先和眉纹棕白，颊和耳羽淡棕、杂以细长的黑纹，胸棕白、密布黑褐色粗纹，下体余部纯白，两胁微有棕色渲染。

生活习性： 栖息于开阔的草地。主食植物种子，也吃昆虫。

保护级别： 国家二级保护野生动物。

细纹苇莺

Acrocephalus sorghophilus

鸟纲 雀形目 苇莺科

形态特征：体长约13cm。上体黄褐色，顶冠及上背具模糊的纵纹；下体皮黄色，喉偏白色；脸颊近黄色，眉纹皮黄而上具黑色的宽纹，嘴显粗而长。虹膜褐色，上嘴黑色，下嘴偏黄色，脚粉红色。

生活习性：栖息于水域附近的芦苇丛、草丛和稻田中。主食昆虫。

保护级别：国家二级保护野生动物。

短尾鸦雀

Neosuthora davidiana

鸟纲 雀形目 莺鹛科

形态特征： 体长约 10cm。头栗色，喉黑色，尾短。上背棕褐色至灰褐色，下体灰色而染棕红色，尾羽棕红色。虹膜褐色，嘴近粉色，脚近粉色。

生活习性： 栖息于林下灌木丛和竹林密丛，常结小群活动。主食昆虫，也吃果实和种子。

保护级别： 国家二级保护野生动物。

红胁绣眼鸟

Zosterops erythropleurus

鸟纲 雀形目 绣眼鸟科

形态特征：体长约 12cm。头及上背体羽橄榄绿色，具明显白色眼圈，眼先深色，喉黄色，两胁栗色，胸腹部白色且胸部灰色较重，尾下腹羽黄色。虹膜红褐色，嘴橄榄色，脚灰色。

生活习性：栖息于丘陵、平原地带的阔叶林、次生林及公园、果园等多种生境。多集小群于树冠层，在多花的乔木或灌丛中觅食。

保护级别：国家二级保护野生动物。

画眉

Garrulax canorus

鸟纲 雀形目 噪鹛科

形态特征：体长约22cm。顶冠及颈背有偏黑色纵纹，白色的眼圈在眼后延伸成狭窄的眉纹，延长至耳部，眼周具有少量蓝色的裸皮，下腹白色。虹膜黄色，嘴偏黄色，脚偏黄色。

生活习性：栖息于低山和丘陵地带的灌丛及次生林。甚惧生，成对或结小群活动，于腐叶间穿行找食，杂食性，食昆虫、果实和种子。

保护级别：国家二级保护野生动物。

黑喉噪鹛

méi

Garrulax chinensis

鸟纲 雀形目 噪鹛科

形态特征：体长24—29cm。头顶蓝灰，背羽大都橄榄绿褐色，额、眼周和颏、喉黑色，颊部和耳羽有显著的白色块斑，胸、腹部多灰褐色。

生活习性：栖息在常绿阔叶林。主食昆虫，也吃植物种子和叶。

保护级别：国家二级保护野生动物。

棕噪鹛

méi

Garrulax berthemyi

鸟纲 雀形目 噪鹛科

形态特征：体长约28cm。眼周蓝色裸露皮肤明显，头、胸、背、两翼及尾橄榄栗褐色，顶冠略具黑色的鳞状斑纹。腹部及初级飞羽羽缘灰色，臀白色。虹膜褐色，嘴偏黄色，嘴基蓝色，脚蓝灰色。

生活习性：惧生，不喜开阔地区，结小群栖息于丘陵及山区原始阔叶林的林下及竹林。杂食性，主食昆虫，也吃果实和种子。

保护级别：国家二级保护野生动物。

红尾噪鹛 (méi)

Trochalopteron milnei

鸟纲 雀形目 噪鹛科

形态特征：体长约25cm。两翼及尾绯红色，顶冠及颈背棕色，背及胸具灰色或橄榄色鳞斑，耳羽浅灰色。虹膜深褐色，嘴偏黑色，脚偏黑色。

生活习性：喧闹结群栖息于海拔1000—2400m的常绿阔叶林的稠密林下植被及竹丛。

保护级别：国家二级保护野生动物。

红嘴相思鸟

Leiothrix lutea

鸟纲 雀形目 噪鹛科

形态特征：体长约 15.5cm。具显眼的红色嘴，上体橄榄绿色，眼周有黄色块斑，下体橙黄色，尾近黑色而略分叉，翼略黑色、红色和黄色的羽缘在歇息时成明显的翼纹。虹膜褐色，嘴红色，脚粉红色。

生活习性：栖息于山地常绿阔叶林、混交林、竹林和灌丛。休息时常紧靠一起相互舔整羽毛。主食昆虫，也食果实和种子。

保护级别：国家二级保护野生动物。

绿宽嘴鸫(dōng)

Cochoa viridis

鸟纲 雀形目 鸫科

形态特征：体长约 28cm。头绿蓝色，眼纹黑色，翼黑色，覆羽及翼斑蓝色，尾蓝色而端黑色，余部闪辉绿色。雌鸟翼斑多绿色。虹膜深褐色，嘴黑色，脚粉红色。

生活习性：林栖型，显懒散。在树冠中找食果实及昆虫。

保护级别：国家二级保护野生动物。

红喉歌鸲(qú)

Calliope calliope

鸟纲 雀形目 鹟科

形态特征：体长约16cm。具醒目的白色眉纹和颊纹，尾褐色，两胁皮黄色，腹部皮黄白色。雌鸟胸带近褐色，头部黑白色条纹独特。成年雄鸟的特征为喉红色。虹膜褐色，嘴深褐色，脚粉褐色。

生活习性：栖息于森林密丛及次生植被，一般在近溪流处。

保护级别：国家二级保护野生动物。

蓝喉歌鸲(qú)

Luscinia svecica

鸟纲 雀形目 鹟科

形态特征：体长约 14cm。雄鸟特征为喉部具栗色、蓝色及黑白色图纹，眉纹近白色，外侧尾羽基部棕色。上体灰褐色，下体白色，尾深褐色。雌鸟喉白色而无橘黄色及蓝色，黑色的细颊纹与由黑色点斑组成的胸带相连。幼鸟暖褐色，具锈黄色点斑。虹膜深褐色，嘴深褐色，脚粉褐色。

生活习性：栖息于近水灌丛。走似跳，性隐怯，不时地停下抬头及闪尾。站势直，飞行快速。多取食于地面，主食昆虫，也吃种子。

保护级别：国家二级保护野生动物。

白喉林鹟(wēng)

Cyornis brunneatus

鸟纲 雀形目 鹟科

形态特征：体长约 15cm。胸带浅褐色，颈近白色而略具深色鳞状斑纹，上颚近黑色，下颚色浅，下颚基部偏黄色。亚成鸟上体皮黄而具鳞状斑纹，下颚尖端黑色。虹膜褐色，脚粉红色。

生活习性：栖息于林缘下层、茂密竹丛、次生林及人工林。

保护级别：国家二级保护野生动物。

棕腹大仙鹟(wēng)

Niltava davidi

鸟纲 雀形目 鹟科

形态特征：体长约 18cm。雄鸟上体深蓝色，下体棕色，脸黑色，额、颈侧小块斑、翼角及腰部亮丽闪辉蓝色。雌鸟灰褐色，尾及两翼棕褐色，喉上具白色项纹，颈侧具辉蓝色小块斑。虹膜褐色，嘴黑色，脚黑色。

生活习性：多在林下灌丛和树冠下层，单独或成对活动。主要以昆虫为食，也吃植物果实和种子。

保护级别：国家二级保护野生动物。

蓝鹀

Emberiza siemsseni

鸟纲 雀形目 鹀科

形态特征：体长约 13cm。雄鸟体羽大致蓝灰色，仅腹部、臀及尾外缘色白，三级飞羽近黑色。雌鸟暗褐色而无纵纹，具两道锈色翼斑，腰灰色，头及胸棕色。虹膜深褐色，嘴黑色，脚偏粉色。

生活习性：栖于次生林及灌丛。主食种子。

保护级别：国家二级保护野生动物。

黄胸鹀

Emberiza aureola

鸟纲 雀形目 鹀科

形态特征：体长约 15cm。繁殖期雄鸟顶冠及颈背栗色，脸及喉黑色，黄色的领环与黄色的胸腹部间隔有栗色胸带，翼角有显著的白色横纹。非繁殖期的雄鸟色彩淡，颏及喉黄色，仅耳羽黑而具杂斑。雌鸟及亚成鸟顶纹浅沙色，两侧有深色的侧冠纹，几乎无下颊纹，形长的眉纹浅淡皮黄色。具特征性白色肩纹或斑块，以及狭窄的白色翼斑。虹膜深栗褐色，上喙灰色，下喙粉褐色，脚淡褐色。

生活习性：栖息于大面积的稻田、芦苇地或高草丛及湿润的荆棘丛。冬季常与其他种类混群。主食种子。

保护级别：国家一级保护野生动物。

黑疣大壁虎

Gekko reevesii

爬行纲 有鳞目 壁虎科

形态特征： 体粗壮，全长224—272mm，头体长大于尾长；背部蓝灰色或紫灰色，具砖红色及蓝色的花斑，形成横斑；吻鳞略呈五角形，不接鼻孔，鼻孔位于第一上唇鳞、上鼻鳞及3—4枚后鼻鳞之间；头被粒鳞，体背被多角形小鳞，枕至尾基小鳞间具纵列疣鳞，中央疣鳞扁圆形，两侧圆锥状；体腹面被覆瓦状鳞；四肢背面被多角形小鳞，腹面被覆瓦状鳞；指、趾间微蹼；尾稍纵扁，基部每侧具1—3个肛疣，尾背被方形小鳞，每节后缘有一横列6个疣鳞，尾腹面被较大方形鳞。

生活习性： 栖息于石壁洞缝、树洞、房舍墙壁顶部。捕食昆虫、蜘蛛、蜗牛等。

保护级别： 国家二级保护野生动物。

脆蛇蜥

Ophisaurus harti

爬行纲 有鳞目 蛇蜥科

形态特征：体肥壮，尾长不超过头体长的 1.5 倍；体背浅褐色及灰褐色，部分个体为红褐色，体背前段有 20 多条不规则蓝黑色或天蓝色的横斑及点斑，颈部至尾端有色深形粗的纵线，越至后段越清晰，腹部无斑纹，头顶具 2 个醒目的黑色圆斑；无四肢，体侧自颈后至肛侧各有纵沟一条；体侧纵沟间背鳞 16—18 纵行，中央 10—12 行鳞大而起棱，前后棱相连续成为清晰的纵脊。

生活习性：栖息于山林、灌草丛、茶园和农田，营洞穴生活，洞穴多匿藏在隐蔽、向阳而背风的草根、树或大石下。肉食性，多捕食蚯蚓、蜗牛和昆虫。

保护级别：国家二级保护野生动物。

红尾筒蛇

Cylindrophis ruffus

爬行纲 有鳞目 筒蛇科

形态特征：全长43cm左右，头扁眼小，无明显颈部，躯干圆柱形，尾极短；腹鳞分化不明显，仅略大于相邻背鳞；雄性肛侧有呈“距”状的残留后肢；通身棕褐色，体侧有40对白色横斑，横斑于背脊两侧略呈交错排列，在腹面相遇或交错止于腹中线，尾腹面肉红色。

生活习性：栖息于枯枝落叶下或地下，穴居生活。食蛇或鳗。

保护级别：国家二级保护野生动物。

蟒蛇 原名“蟒”

Python bivittatus

爬行纲 有鳞目 蟒科

形态特征：体长3—5m。头部腹面黄白色，体背棕褐色、灰褐色或黄色，体背及两侧均有大块镶黑边云豹状斑纹，体腹黄白色。头小，吻端较平扁，吻鳞宽大于高，背面可见，鼻孔位于鼻鳞两侧，瞳孔直立，椭圆形。泄殖肛孔两侧具爪状后肢残迹。

生活习性：善攀援，可长期生活在水中，嗜昏睡，喜热怕冷。有冬眠行为，大多利用自然洞穴、兽穴及岩窟。杂食性，以鼠、鸟、两栖和爬行类为食。

保护级别：国家二级保护野生动物。

三索蛇 又名“三索锦蛇”

Coelognathus radiatus

爬行纲 有鳞目 游蛇科

形态特征：全长1—2m。背面浅棕色或灰棕色，头侧有由眼部发出的3条放射状黑纹，顶鳞后缘有1个黑横斑纹，两端止于两口角。体侧有3条宽窄不等的黑索，背侧1条较宽，中间1条较窄，腹侧1条不完全连续，此3条黑索向体后延伸时，色变淡，至体中段渐消失。腹面淡棕色，散有淡灰色细斑，腹鳞两端密布灰色点斑。

生活习性：生活于450—1400m的平原、山地、丘陵地带，常见于农田、土坡、草丛、石堆、路旁、塘边；昼夜活动，行动敏捷，性较凶猛，受惊时，可竖起眼镜样的体前部，并能发出嗞嗞响声。主食鼠、鸟、蜥蜴、蛙等，亦食蚯蚓。

保护级别：国家二级保护野生动物。

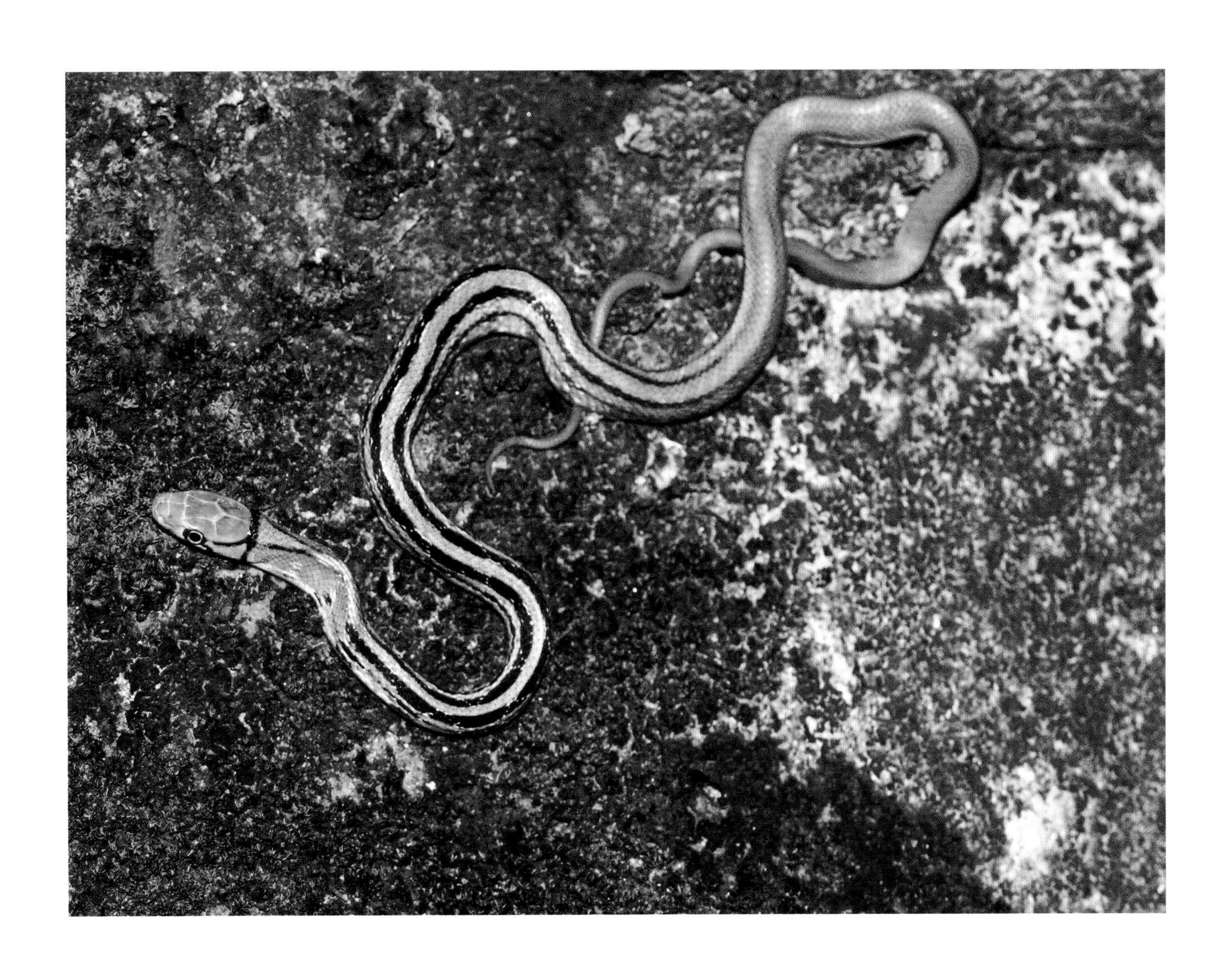

眼镜王蛇

Ophiophagus hannah

爬行纲 有鳞目 眼镜蛇科

形态特征：全长2—3m，最长可达6m，是最大的毒蛇。头椭圆形，与颈不易区分；有前沟牙，其后有3枚小牙，体粗大。背面黑色、黑褐色、绿褐色、黄褐色、灰褐色、茶褐色或紫褐色，有47—62个浅色横斑，颈背有黄白色“∧”形宽斑，腹面前段黄色，向后灰褐色、灰绿色或紫灰褐色，有黑色线斑。

生活习性：生活于平原、丘陵，亦见于海拔2100m的山区，常见于林中、山溪附近树洞、水域附近、石缝里、草丛中，亦能爬树，白天活动。主食蛇，也吃蜥蜴、鸟和鸟卵等。

保护级别：国家二级保护野生动物。

泰国圆斑蝰（kuí）

Daboia siamensis

爬行纲 有鳞目 蝰科

形态特征：全长65—115cm。头较大，略呈三角形，与颈区分明显；体粗壮而尾短，背鳞棱强；鼻孔大，位于头背侧。头背有 3 个深棕色斑，下唇缘、颔片及喉部也散有深棕色斑，略呈横排。体尾背面棕褐色，有 3 行深色大圆斑，背脊中央一行 30 个左右，较大，其两侧各一行略小而与前者交错排列。圆斑中央紫色，周围黑色镶以黄色细边；每两行圆斑之间还嵌有一行粗大而不规则的黑褐色点斑。腹面灰白色，每腹鳞上有 3—5 个近于半月形的深褐色斑，前后缀连略成数纵行；尾腹面灰白色而散有细黑点。

生活习性：生活于亚热带平原、丘陵、山区，活动于开阔的田野。受到惊扰，常连续发出呼呼声。昼夜均见活动。主要食鼠、鸟、蛇、蜥蜴和蛙等。

保护级别：国家二级保护野生动物。

角原矛头蝮

Protobothrops cornutus

爬行纲 有鳞目 蝰科

形态特征：全长430—680mm。头呈三角形，头颈部区分明显，头部被粒鳞。鼻眼间有颊窝。上眼睑向上形成1对向外斜、被细鳞的角状物，基部呈三角锥形。鼻鳞到两角基前侧有黑褐色“X”形斑。从角后侧至头后枕部有1对黑褐色弧形斑。眼后至喉侧有一浅色粗条纹，浅色条纹下面为黑褐色粗条纹。体背面灰色，渐向体侧色浅，自颈至尾有左右交错排列镶金边的黑褐色方斑。腹鳞淡灰色，两侧有深褐色斑。

生活习性：生活于常绿阔叶林，山区道路旁、溪流和村庄附近，以鼠、蛙、蟾为食。

保护级别：国家二级保护野生动物。

扭尾曦(xī)春蜓 原名“尖板曦箭蜓”

Heliogomphus retroflexus

昆虫纲 蜻蜓目 箭蜓科

形态特征：形似普通蜻蜓，体长50—52mm，腹长37—39mm，后翅长31—34mm。雄性面部黑色具黄斑，额横纹甚阔，胸部黑色，背条纹与领条纹不相连，合胸侧面第二条纹和第三条纹完整；腹部黑色，第1—3节侧面具黄斑，第2—7节背面基方具黄环纹，上肛附器黄白色，末端扭曲，下肛附器黑色。雌性与雄性相似，特点为尾毛白色。

生活习性：属不完全变态类昆虫，一生经历卵、稚虫、成虫3个阶段。卵和稚虫在水中越冬，少数成虫可冬眠。成虫一般白昼活动于河塘、溪流等处。肉食性，主要以蜉蝣稚虫、蚊类幼虫、蝌蚪和小鱼为食。

保护级别：国家二级保护野生动物。

拉步甲

Carabus lafossei

昆虫纲 鞘翅目 步甲科

形态特征：体长3.4—3.9cm，体宽1.1—1.6cm。体色变异较大，一般头部、前胸背板绿色带金黄或金红光泽，鞘翅绿色，侧缘及缘折金绿色，瘤突黑色，前胸背板有时全部深绿色，鞘翅有时蓝绿色或蓝紫色。

生活习性：属完全变态类昆虫，一生经历卵、幼虫、蛹、成虫4个阶段。杂食性，主要以小型软体动物为食，一般夜晚捕食，白天潜藏于枯枝落叶、松土或杂草丛中。成年拉步甲的臀腺还能释放蚁酸或苯醌等防御物质。

保护级别：国家二级保护野生动物。

贞大步甲

Carabus penelope

昆虫纲 鞘翅目 步甲科

形态特征：体长 3.7—4.1cm，体宽 1.2—1.4cm。前胸背板艳红色带金属光泽，中部颜色较深。根据鞘翅颜色不同可分为两个亚种：指名亚种 *C. penelope penelope* 鞘翅中部整体黑色，而 *C. Penelope change* 亚种鞘翅中部深绿色；侧缘及缘折均为金铜色，带红色或绿色光泽。雄性鞘翅末端的切鞘现象不明显，且前足跗节膨大。

生活习性：活动范围多在海拔 1000—1400m，晨昏及夜间活动为主，白天躲藏于沟谷中的落叶、石块等下方。杂食性，以蜗牛、蚯蚓等为主要食物。福建特有种。

保护级别：国家二级保护野生动物。

硕步甲

Carabus davidi

昆虫纲 鞘翅目 步甲科

形态特征：刚孵化出的幼虫体长 1.21—1.75cm、宽 5.2—6cm。老熟幼虫体长 3.83—4.42cm、宽 1.01—1.2cm。体躯扁平，背面及腹面均为黑色，略显蓝色光泽。蛹体长约 2.43cm，宽约 1.08cm，初化蛹时乳白色，后为淡黄色，体躯稍弯曲，呈橄榄形。成虫雄虫体长约 3.35cm、体宽约 1.05cm，雌虫体长约 3.74cm、体宽约 1.12cm。步脚及头部为黑色，胸部为蓝紫色，鞘翅金绿，后部常有红铜色光泽，背部雕刻状背纹。

生活习性：成虫不善飞翔，地栖性，多在地表活动，行动敏捷，在土中挖掘隧道。成虫一般夜晚捕食，白天潜藏于枯枝落叶、松土或杂草丛中。肉食性，主要以小型软体动物为食。卵一般单产在土中，生活史比较长，幼虫有 3 龄，老熟幼虫在土室中化蛹，一般 1—2 年完成 1 代。

保护级别：国家二级保护野生动物。

戴氏棕臂金龟

Propomacrus davidi

昆虫纲 鞘翅目 臂金龟科

形态特征：大型甲虫，体长 3.5—6.5cm。雄虫前跤长 9—10cm，雌虫前跤长约 5cm。体色暗褐色有光泽，头楯中央下凹，边缘上翘，外角各有一微突；前胸背板黑绿、黑褐或黑紫色，具强烈金属光泽；翅鞘黑色，具数量不一的黄褐色碎斑；腹面密布褐色短毛，以腹部末端最长。雄虫前跤长度远超雌虫。

生活习性：生活在低、中海拔山区。雄虫通过前跤互相抱推来争夺领地、食物和雌虫。夜晚具趋光性。成虫的活动盛期为 5 月下旬到 10 月上旬，主要出现于 7—9 月。

保护级别：国家二级保护野生动物。

阳彩臂金龟

Cheirotonus jansoni

昆虫纲 鞘翅目 臂金龟科

形态特征：体长雄虫4—8.8cm、雌虫约5cm，体宽约4cm，前肢长度约10.3cm，体重约40g。长椭圆形，背面强度弧拱，头面、前胸背板、小盾片呈光亮的金绿色。体腹面密被绒毛，侧缘锯齿形，鞘翅棕色，前足特别长而大，超过体躯长度。初孵幼虫头淡黄色，胸、腹部白色弯成“C”形。

生活习性：生活于常绿阔叶林中，成虫产卵于腐朽木屑土中，卵圆形乳白色。

保护级别：国家二级保护野生动物。

戴叉犀金龟 原名“叉犀金龟”

Trypoxylus davidis

昆虫纲 鞘翅目 犀金龟科

形态特征：成虫体长3.4—4.3cm，宽1.9—2.3cm。体型长卵圆，体色深褐至黑褐，光泽较晦暗。雌雄异形。雄虫头上具一向后弯曲的强壮角突，角突近中部两侧各横生1个棘状突，端部分叉呈鲸尾状。前胸背板短阔，胸下密被黄色绒毛。小盾片大。鞘翅光洁，纵肋不显。臀板横阔，近棱形，足壮实。雌虫的头、前胸相对雄虫构造简单。

生活习性：成虫、幼虫均栖息于密林之中，成虫喜欢栖息于树上吸食果实和树液，幼虫以朽木及腐殖质为食。成虫趋光，常见于6—8月。

保护级别：国家二级保护野生动物。

巨叉深山锹(qiāo)甲

Lucanus hermani

昆虫纲 鞘翅目 锹甲科

形态特征：雄性体长 5.5—9.0cm，宽 1.3—2.5cm；雌性体长 2.8—4.0cm，宽 1.1—1.6cm。整体褐色至深褐色，新出个体背部和腹面覆盖灰白色绒毛。雄性成虫头部短而宽，背面深凹，前后角尖角形，前缘中央有一直立式高横突；唇基突很长，前端呈强的叉状；上颚细长，内缘具众多小齿，中部 2 齿和近前端的一齿稍大。雌性头部具细密和粗糙的皱纹，复眼前呈稍尖的角形。

生活习性：成虫常栖息于海拔 500—1300m 的阔叶林和混交林中，福建省每年 6 月开始出现成虫，7 月底接近尾声，以树木流出的树浆为食。幼虫期通常为 12—18 个月，幼虫蛴螬型，以森林中的朽木木屑和腐殖土为食。

保护级别：国家二级保护野生动物。

金斑喙(huì)凤蝶

Teinopalpus aureus

昆虫纲 鳞翅目 凤蝶科

形态特征：大型凤蝶，体长约3cm，翅展8.1—9.3cm。身体大多为绿色，有金色尾突。雌雄异型。雄性体、翅呈现出的翠绿色是因满布翠绿色鳞片，而底色实为黑褐色。雌性前翅翠绿色较少，后翅中域大斑呈灰白色或白色，外缘月牙形斑呈黄色和白色，外缘齿突加长，其余与雄性相似。

生活习性：栖息于海拔1000m左右的常绿阔叶林山地，少下到地面进行饮水等活动，寄主是木兰科植物。一年生活两代，成虫活动时间短，交配繁殖受气候影响很大。雌性较难见到。

保护级别：国家一级保护野生动物。

金裳凤蝶

Troides aeacus

昆虫纲 鳞翅目 凤蝶科

形态特征：大型凤蝶，雄蝶翅展10—13cm，雌蝶翅展12—15cm，卵直径约0.2cm，1龄幼虫体长约1.2cm，3龄幼虫体长约4.3cm。前翅黑色，有白色条纹，后翅金黄色，斑纹黑色，后翅无尾突，从侧后方观察其后翅有荧光。雌雄蝴蝶主要区别在后翅，雄的大面积泛着金黄色，而雌的，一旦展翅，就能看到翅膀上5个标志性的金色“A”字。

生活习性：成虫常见于低海拔平地及丘陵地，飞行能力强。寄主为马兜铃科植物，卵产在寄主植物新芽、嫩叶的背腹两面或叶柄与嫩枝上。植食性，主要以花粉、花蜜、植物汁液为食。

保护级别：国家二级保护野生动物。

黑紫蛱（jiá）蝶

Sasakia funebris

昆虫纲 鳞翅目 蛱蝶科

形态特征：大型蛱蝶，翅展9.5—11cm。翅黑色，有天鹅绒蓝色光泽，前翅中室内有一条红色纵纹，端半部各室有长“V”形白色条纹，后翅端部有平行白色长条纹。翅反面斑纹同正面，但中室基部为箭头状红斑，中室脉上有一个白斑，中室外下方有3—4个灰白斑，后翅基部有一个耳环状红斑。

生活习性：雄性比雌性提早5—7天羽化，成虫飞翔迅速，喜欢吸食腐烂的果汁和壳斗科茅栗树干上的伤流汁液。雌蝶将卵产于寄主叶片正反面的边缘、叶柄或细枝上，每次产1—2粒。

保护级别：国家二级保护野生动物。

中文名索引

拉丁学名索引

参考文献

汪松 . 1998. 中国濒危动物红皮书 兽类 [M]. 北京 : 科学出版社 .

史密斯 (美), 解焱 . 2009. 中国兽类野外手册 [M]. 长沙 : 湖南教育出版社 .

蔡波, 王跃招, 陈跃英, 等 . 2015. 中国爬行纲动物分类厘定 [J]. 生物多样性, 23(3): 365—382.

费梁, 叶昌媛, 江建平 . 2012. 中国两栖动物及其分布彩色图鉴 [M]. 成都 : 四川科学技术出版社 .

傅桐生, 宋榆钧, 高玮, 等 . 1998. 中国动物志 鸟纲 第十四卷 雀形目 (文鸟科, 雀科)[M]. 北京 : 科学出版社 .

高玮 . 2002. 中国隼形目鸟类生态学 [M]. 北京 : 科学出版社 .

蒋志刚, 刘少英, 吴毅, 等 . 2017. 中国哺乳动物多样性 . 2 版 [J]. 生物多样性, 25(8): 886—895.

李桂垣, 郑宝赉, 刘光佐 . 1982. 中国动物志 鸟纲 第十三卷 雀形目 (山雀科 绣眼鸟科)[M]. 北京 : 科学出版社 .

刘少英, 吴毅, 李晟 . 2019. 中国兽类图鉴 . 2 版 [M]. 福州:海峡书局 .

鲁长虎, 费荣梅 . 2003. 鸟类分类与识别 [M]. 哈尔滨 : 东北林业大学出版社 .

彭丽芳, 黄源欣, 王峰, 等 . 2021. 福建省爬行类新记录——角原矛头蝮 [J]. 四川动物, 40(3): 314.

盛和林, 大泰司, 纪之, 等 . 1998. 中国野生哺乳动物 [M]. 北京 : 中国林业出版社 .

盛和林 . 1992. 中国鹿类动物 [M]. 上海 : 华东师范大学出版社 .

谭耀匡, 关贯勋 . 2003. 中国动物志 鸟纲 第七卷 夜鹰目 雨燕目 咬鹃目 佛法僧目 鴷形目 [M]. 北京 : 科学出版社 .

万木春 . 1999. 中国珍稀昆虫图鉴 [J]. 昆虫知识, 36(6):349.

王剀, 任金龙, 陈宏满, 等 . 2020. 中国两栖, 爬行动物更新名录 [J]. 生物多样性, 28(2): 189—218.

王岐山 . 马鸣 . 高育仁 . 2006. 中国动物志 . 鸟纲 第五卷 . 鹤形目 . 鸻形目 . 鸥形目 [M]. 北京 : 科学出版社 .

夏武平, 等 . 1988. 中国动物图谱 兽类 [M]. 北京 : 科学出版社 .

杨奇森, 岩崑 . 2007. 中国兽类彩色图谱 [M]. 北京 : 科学出版社 .

尹琏, 费嘉伦, 林超英 . 2008. 香港及华南鸟类 [M]. 香港:政府新闻处 .

约翰 马敬能, 卡伦 菲利普斯, 何芬奇 . 2000. 中国野生鸟类手册 [M]. 长沙 : 湖南教育出版社 .

赵尔宓, 赵肯堂, 周开亚, 等 . 1999. 中国动物志 爬行纲 第二卷 有鳞目 蜥蜴亚目 [M]. 北京 : 科学出版社 .

赵尔宓, 黄美华, 宗愉, 等 . 1998. 中国动物志 爬行纲 第三卷 有鳞目 蛇亚目 [M]. 北京 : 科学出版社 .

赵尔宓 . 2005. 中国蛇类 [M]. 合肥 : 安徽科学技术出版社 .

郑宝赉 . 1985. 中国动物志 鸟纲 第八卷 雀形目 (阔嘴鸟科 和平鸟科)[M]. 北京 : 科学出版社 .

郑光美 . 2017. 中国鸟类分类与分布名录 .3 版 [M]. 北京 : 科学出版社 .

郑作新, 龙泽虞, 郑宝赉 . 1987. 中国动物志 鸟纲 第十一卷 雀形目 鹟科 : II 画眉亚科 [M]. 北京 : 科学出版社 .

郑作新, 寿振黄, 傅桐生, 等 . 1987. 中国动物图谱 鸟类 [M]. 北京 : 科学出版社 .

郑作新, 冼耀华, 关贯勋 . 1991. 中国动物志 鸟纲 第六卷 鸽形目 鹦形目 鹃形目 鸮形目 [M]. 北京 : 科学出版社 .

郑作新, 等 . 1979. 中国动物志 鸟纲 第二卷 雁形目 [M]. 北京 : 科学出版社 .

郑作新,等 . 1997. 中国动物志 鸟纲 第一卷 第一部 中国鸟纲绪论 第二部 潜鸟目 鹳形目 [M]. 北京 : 科学出版社 .

中国野生动物保护协会 . 1999. 中国两栖动物图鉴 [M]. 郑州 : 河南科学技术出版社 .

中国野生动物保护协会 . 2002. 中国爬行动物图鉴 [M]. 郑州 : 河南科学技术出版社 .

中国野生动物保护协会 . 2005. 中国哺乳动物图鉴 [M]. 郑州 : 河南科学技术出版社 .